「ひとり老後」
を楽しむ本

自在晚年

新时代老人安享晚年的实用指南

[日]保坂隆 著　陆青 译

机械工业出版社
CHINA MACHINE PRESS

图书在版编目（CIP）数据

自在晚年/（日）保坂隆著；陆青译. —北京：机械工业出版社，2017.12
ISBN 978-7-111-58687-6

Ⅰ.①自…　Ⅱ.①保…　②陆…　Ⅲ.①老年人—生活—基本知识　Ⅳ.①TS976.34

中国版本图书馆CIP数据核字（2017）第307674号

机械工业出版社（北京市百万庄大街22号　邮政编码100037）
策划编辑：姚越华　张清宇　　责任编辑：姚越华　张清宇
插　　图：段海军　　责任校对：郭明磊
封面设计：吕凤英　　责任印制：张　博
三河市国英印务有限公司印刷
2018年1月第1版·第1次印刷
145mm×210mm·7.25印张·114千字
标准书号：ISBN 978-7-111-58687-6
定价：36.80元

凡购本书，如有缺页、倒页、脱页，由本社发行部调换
电话服务　　网络服务
服务咨询热线：010-88361066　　机 工 官 网：www.cmpbook.com
读者购书热线：010-68326294　　机 工 官 博：weibo.com/cmp1952
010-88379203　　金 书 网：www.golden-book.com
封面无防伪标均为盗版　　教育服务网：www.cmpedu.com

译者序

同日本一样，如今的中国也面临着严峻的老龄化问题。不论男女，步入晚年独自生活的可能性越来越大。人口平均预期寿命增加的同时，一个人的晚年生活质量同样值得社会与家庭的关注。当然，生活质量的提高最离不开的是自身的努力。

本书是日本心理学家保坂隆教授专为晚年独自生活的人而作的，为独居的老年人提供了交友、娱乐、教育等多方面的实用生活指南，文字优美，语言平实，内容生动，图文并茂，娓娓道来，点滴中充满了对生活的体悟与人生的智慧。

或许在大多数中国人的观念里，晚年独居的生活是单调孤寂的，对这样的晚年生活多少有些悲观的想象。但事实并非如此，作者向人们展示了一幅美好晚年生活的生动画卷。在书中，作者告诉独居的老年朋友各种结交朋友、培养自身兴趣爱好的诀窍，指引他们如何丰富自己的晚年生活，凭自己的喜好去支配独居的闲暇时光。此外，作者还给了老年朋友不少建议，怎样从精神上和经济上做一个独立自主的人。这样看来，人到暮年，虽是人近黄昏，夕阳景色依然可以无限美好，依然可以绿意盎然！本书让所有人都对自由的老年生活充满遐想。

译书的过程同样也是读书的过程。我在翻译本书的时候，总有这样或那样的感慨，作为年轻人，读这本小书同样颇有收获。我认为本书不只适合老年人来读，同样也适合年轻人来读，一方面能够更好地体会与理解家中长辈晚年生活中的各种困扰，从而给予他们更及时的关爱。另一方面，书中还提供了关于生活的建议，而这无论对于老年人还是年轻人，都是很健康的生活方式，年轻人也不妨去尝试一番。

人总不愿接受自己终将老去的现实，但当自己从孩童成长到青年，眼看着父母一天天老去，才明白原来人终归会老去的。如今陪在父母身边的时间越来越少，在外求学、工作的日子里只能同他们通通电话，有时觉得在父母眼里自己永远是长不大的孩子，总要被他们念叨上几句；有时又觉得父母才像大孩子一样，生活上需要我们特别细致周到的叮嘱。父母对儿女的慈爱，以及儿女对父母的牵挂，不正是古人所说的父慈子孝吗？只是儿女的细心关照难免有所欠缺，难以周全，而本书恰从方方面面细致地介绍了老年人安享幸福晚年的方法。希望更多上了年纪的父母能看到这本书，若能参考其中的些许建议，安度幸福快乐的晚年，那便再好不过了。父母能过上宁静安和的晚年生活，也正是儿女共同的心愿吧！

陆　青

2012年春于人大宜园

前　言

2008年版的日本《老龄化社会白皮书》显示，65岁以上的老年人中，每五个女性或每十个男性中就有一人是晚年独自生活的。随着即将步入晚年的一代人的离婚率和未婚率的升高，这一比例正逐年上升。当然，这与核心家庭[㊀]的发展密切相关，如今祖孙三代同堂的情形越来越少了。

在这样的时代背景下，今后，不论男女，晚年独自生活的可能性都很高。一个人的晚年再也不是事不关己的事情了。

说起晚年独居，可能大多数人的印象都会是孤独和寂寞。然而，这样下结论可能言之过早，事实上并非如此。其实，退休后人们从在职时的责任和束缚中解脱出来，就可以享受自由自在的快乐生活。

㊀核心家庭（Core Family）是指夫妇俩与未婚子女组成的小家庭。——译者注

先进的医疗水平使得人的寿命大大延长，虽说都是老年人，如今的老年人比起以前的人却是更加健康和年轻。

另外，独居的日子有的是闲暇的时间，而且也不用顾虑别人，可以凭自己的喜好支配时间。没有比这更幸福的事情了吧！

朋友是保障独居生活幸福快乐的强力后盾。老年人在晚年有大量自由时间可供消遣，即使家人不在身边，如果有各色朋友相伴左右同样会感到幸福。比如，一起去旅行的“驴友”，参观美术馆的艺友、欣赏戏剧的票友、共享美味的食友、参加才艺班的学友以及紧急关头挺身相助的挚友。

广交好友不仅能扩大交际范围，还能从中体味到各种各样的乐趣。但是，不要一味地等待别人来同你交朋友，自己也要积极主动地走出去与人交往。年轻人中盛行“婚活”㊀，我们不妨把这样充实晚年的生活方式称为“友活”。

即使不善于与人打交道也不用担心，本书不仅囊括了

㊀婚活是指一种积极寻求另一半的活动。“婚活”一词最早起源于日本社会学家山田昌弘和记者白河桃子合著的《“婚活”时代》一书。由“婚姻”和“活动”两词合成，意为一切与结婚相关的活动。——译者注

结交朋友的诀窍、待人接物和自我照顾的方法以及应有的生活态度，还分享了许多小秘诀，教你如何快乐度过一个人的晚年。

与其在一边自怨自艾，不如与朋友们一同笑对人生来得洒脱自在。且参考这本小书，好好把握一个人的晚年时光，让生活充满生机。

2010年10月

保坂隆

目　录

第2章 自立的人和孤立的人

第4章 不做烦人长辈的16条秘诀

第5章 “万一……”时，有可以信赖的人吗？

第1章

一个人的晚年并不孤独

根据2008年日本厚生劳动省[一]的统计调查显示，男性的平均寿命是79.29岁，女性则为86.05岁。想想60岁以后的晚年生活，对于男性来说尚有20年左右的光阴，对女性来说则还有26年多的时光。那么余下的日子要怎么度过呢？

[一]厚生劳动省是日本负责医疗卫生和社会保障的主要部门。

1.1 晚年独居与你无关吗

根据2008年日本厚生劳动省的统计调查显示，男性的平均寿命是79.29岁，女性则为86.05岁。想想60岁以后的晚年生活，对于男性来说尚有20年左右的光阴，对女性来说则还有26年多的时光。那么余下的日子要怎么度过呢?

在晚年有大量的空闲时间，然而这些日子能和谁一起幸福共度呢?是老伴，还是子孙后辈呢?

人的生命脆弱，谁也说不准什么时候就会离开这世界。虽在心里大概明白这个道理，但没有人对此有实实在在的体会。即便再恩爱的夫妇，一方去世之后另一方也终归要独自一人面对。站在女性的立场来看，因为女性的平均寿命高于男性，妻子通常比丈夫活得更久，所以不少女性已经有了晚年独自面对生活的觉悟。

相比之下，大多数男性则坚信能与妻子相守直到生命的最后一刻。人生果真会如他们所希望的那样吗？有妻子不幸先离世的例子，也有退休时妻子提出离婚的情况。想依靠早已成家立业的孩子却指望不上，这个时候，晚年独居这件原本以为同自己沾不上边儿的事情，如今却一下子成了近在眼前的现实。

如今在日本，老年人的离婚率不断上升，大龄青年的数量也逐年增加，因而晚年独居的可能性也越来越高。

人到暮年却要独自一人生活，想来总是让人觉得可怜、寂寞、凄凉万分。

然而今非昔比，随着老龄化社会的到来，独自安享幸福晚年已是不远的将来，老观念中对晚年独居的担忧也将烟消云散。毕竟有那么多同伴一道面对晚年独居，还有什么比这个事实更能宽慰人心的呢？随着晚年独居人口的增加，今后服务老年人的银色经济㊀和行政服务也将得到充分发展。让我们一起开启崭新的未来，享受全新的人生吧！

与从前相比，现在60岁的人享受更好的饮食与医疗服务，身心也更为年轻。不同于在职时期，退休后人们从

㊀银色经济是国际上对老年消费产业的称谓。

对公司和家庭的责任与压力中解放出来，再也无需顾虑他人，可以尽情地享受那份轻松自在。

请不要用“余生”来定义晚年的时光，拥有这般美好的自由时间，大可以重新找寻属于自己的幸福人生。

1.2 心怀感恩活出自己

想起人到暮年却要一个人生活，许多人都不禁担忧“晚年独居的生活会很孤独吧”“这样的生活很不方便吧”，为此困惑苦恼的男性也不在少数。这些话贴切地反映了晚年独居者的心情。

时代变迁，家庭的组成形式也随之变化，家庭核心化与人口老龄化使得独居老人的数量和比例不断上升，今后的趋势也必定是继续增长。

不少年轻人羡慕老年人能享受悠闲自在的独居生活。年轻时，许多人想过要离开唠叨的父母和烦人的兄弟姐妹独自生活吧。实际上，却只有极少人有独自生活的经验。刚开始独自生活时那种自由自在的感觉自然是妙不可言。

等结婚之后有了孩子，在狭小的家里能一个人独处的地方恐怕只有卫生间了。如今，终于过上了一个人自由自在的生活了，此时此刻幸福感油然而生。不用再顾虑他人，按照自己的节奏活出自己，权当是辛苦了大半辈子的奖励。

一般说来，人们都认为同老伴和孩子们共度的晚年充满乐趣。没料想等到一个人生活的时候，突然发现一个人生活也有一个人生活的好处，并不像想象中的那般孤单凄凉。每个人独自度过晚年的原因各不相同，有独身的、离异的、丧偶的，孩子成家立业的。这其中，丧偶的人往往生活自理能力最差。此外，除了已经做好独自面对晚年生活准备的人以外，丧偶的男性之前大多从未预想到可能会独自一人生活。

但是，即使事先没有心理准备也完全不必担心。放下丧偶的悲痛后，阅读书籍转换思维，为自己今后的独居生活重新寻找幸福。

1.3 拒绝懒散，享受悠闲

一个人的晚年该如何度过，是无法用只言片语说明白的。一切全由自己选择，按照自己的节奏感受生活中点滴的快乐，享受一个人生活的妙趣。能悠闲自在地生活固然美好，但也有为人忽视的消极面。

比如，每天起床，连衣服都顾不上穿就立马打开电视机，用过的碗筷也不收拾就那么放着，连着两三天都不洗澡，整天皱着眉头，反正一个人住没人管，心想："哎，偶尔一次应该没关系吧""这样不算太过分吧"。人变得越来越懒散，也没人能在一旁提醒。

人就是这样，一旦自我放纵，就渐渐露出贪图享乐的本性。这时只有自己才能管住自己。所以一个人生活的时候，一定要记得自律，在享受自由的同时，也要承担其中的责任与风险。

已经不是懵懂无知的小孩子了，老年人看透人生百态，更应该明白：即使不再生活在别人的眼光之下，生活还是应该照着平常的样子继续下去。这是一个人生活最起码的要求。

假如连自律都没法做到的话，如何能体会晚年独居生活的美好呢？

即使一开始并不打算懒散过活，人却在不知不觉中变得越来越懒散松懈，这种情况当然也不在少数。

为此，让朋友和孩子时时提醒自己也不失为一个好办法。要记得忠言逆耳的道理，虚心接受别人的劝诫。

谁都想晚年不问世事、悠闲自在地度过。但是要知道，悠闲与懒散是全然不同的。因为没有旁人督促，最初的悠闲渐渐转变成懒散。如果生活状态转变成这样而不自知就糟糕了。

如果不喜欢受人督促，那么就做好自我监督的工作。这样就能充分享受一个人生活的乐趣了。

1.4 晚年独居生活的好与坏

一个人的晚年生活自有其中的好处，可以享受无限的自由。从照顾家人的琐事中解脱出来，想做什么事情，想要怎样的生活方式，全由自己做主。

据说，现代人大部分的压力都来自人际关系。从这个意义上来说，晚年独自生活不正是零压力的理想生活方式吗？

尤其对于上班族来说，从前为了家人能过上好日子每天辛苦工作，事事以家庭为重，而自己的兴趣与喜好只能放在一边，赚到的钱也不能任意支配。

就算撇开复杂的人际关系带来的压力不说，不与人接触又怎么能喜欢上别人呢？

每天一个人吃饭，却没有人听你说“这菜味道真不错”。晴朗的日子，提议说：“今天天气真好呀，出去走走吧。”却没有人应你。看到有趣的电视节目，“真好笑，看到了没？哈哈。”却没有人一起傻笑，只有自己的笑声在空荡荡的屋子里回响。

同世间万物一样，晚年独居有它的妙处，自然也会有它的弊端。如果能清楚地了解到其中的优与劣，预先做好一个人生活的心理准备，真到那时就不会过于不安或者恐惧，也不会陷入懒散的生活状态。

此外，要坚持生活自理，自己的事情要自己做，不依赖他人。

关于这一点，晚年独居的男性要格外注意，妻子在世的时候一手揽下全部家务活，如今需要自己动手做家务，心情就沉重起来。对于这类男性而言，家务是从未接触过的新大陆，不如趁着新鲜劲儿把家务当作挑战去尝试，也许会意外地发现自己是个家务能手。对任何新事物都怀着初生牛犊般的热情去挑战，这也正是越活越年轻的秘诀吧！

1.5 要和孩子一起生活吗

上了年纪的夫妇俩能相伴老去固然是幸福快乐的事情，但假如有一方先逝，有时孩子们会提出："您一个人我们不放心，搬过来一起住吧。"在家庭核心化日益突出的今天，祖孙三代同堂的日子已经一去不复返。一方面，父母们虽然担心需要人照顾时该怎么办，却又很难开口要求和孩子们同住；另一方面，却似有另一个声音在耳边低语："答应和孩子们一起住吧。"

当然，孩子们也是因为担心父母才会提出同住的建议，哪怕同住有诸多不便。想到孩子们的这份孝心，心中便有说不完的感动。

即便如此，与孩子们同住的提议也要仔细考虑清楚。这意味着不得不远离故土，搬出住惯了的老家，大老远地搬去其他地方。周边的生活环境骤然改变，这对老年人来说，远比想象的要困难。

N先生退休后一直和老伴过着悠闲自在的日子。但是退休三年后的某一天老伴突然离世，快得让人措手不及。正当N先生沉浸在丧妻之痛无法自拔时，远嫁外地的女儿提议："要不要和我们一起住？"

父亲有些大男子主义，从前连举手之劳的家务小事也从没做过。想到这些，女儿就觉得父亲不可能好好照顾自己一个人生活。N先生在老伴去世之后一直非常寂寞，想着能伴着两个上小学的外孙一起生活，便欣然接受了女儿的好意。

女儿夫妇俩住在大城市的公寓楼里，给N先生收拾了一个$10m^2$的小房间住。之前N先生一直居住在独门独户的大房子里，喜欢钓鱼的他，日积月累收集了大量渔具和鱼拓㊀。如今他却没法把这些全都带去新居，只好处理了一些收藏品。虽然不舍得从前的心头好，但是想到能与两个小外孙住在一起，N先生也就没什么怨言了。

女儿夫妇俩都有工作，忙的时候两个人都晚归的情况也不少。女儿常说："晚点回来时，小孩子有爸爸照顾的话我就安心了。""什么呀，不是应该由小辈们来照顾我吗？"N先生嘴上这么说，心里却喜滋滋的。

日子一长，N先生的心态渐渐变了。从前N先生一直是家里的顶梁柱，在女儿家里却不是举足轻重的大功臣，想到这心里总觉得不舒服。

夫妇俩都工作的双职工家庭，家务也总是两人一起分担，谁有空谁来做。有时下班之后女婿既要洗碗，还要洗

㊀鱼拓是一种将鱼的形象用墨汁或颜料拓印到纸上的技法和艺术。起初鱼拓主要是垂钓者用于记录钓上的大鱼的实际尺寸，并留作纪念的，后来发展成为一种艺术。

衣服。但是N先生不论得不得闲，从来不帮忙做家务，觉得这不是男人分内的事。

女儿工作忙不过来的时候，就和孩子们一起叫比萨之类的外卖快餐来吃。不光比萨，年轻人喜欢的食品全都不合N先生的口味，但是女儿又没有时间为父亲另外准备合口味的饭菜。

心中的不满日积月累，某天，N先生终于对女儿发起了牢骚："如果连给孩子们做顿可口的饭菜都不会，还不如辞职算了！"接着又对女婿抱怨："男人还让老婆赚钱养家，真没出息！"

话一出口，N先生就后悔了，但覆水难收。后来，N先生搬进了专为老年人设计的，提供餐饮、清扫、洗衣服务的出租公寓。虽然绕了个弯子，但如今他享受着快乐的独居生活。

N先生的例子也许有些极端，但独身一人时，如果孩子们提出一起生活，一定要好好地考虑。

人上了年纪往往会变得固执，守着自己的老观念，而孩子们有他们那一代的价值观与生活方式。和N先生的女儿一样，现今这个时代男女一同工作是理所应当的，但在守着老观念的老年人看来，心里便不是滋味。

当然，这也并不是说一定不要和孩子们一起生活，子孙绕膝、含饴弄孙的晚年当然幸福快乐。但千万不要只看到好的一面，决定和孩子们同住之前就要考虑到可能存在的矛盾。其实，一个人享受晚年自由自在的生活，偶尔与儿孙聚聚，这样也不失为一种理想的生活状态。

1.6 学用计算机上网娱乐

如今，通过网络能得到各种新鲜的信息。喜欢看报纸的人可能会怀疑：“真的吗？”全世界的信息用网络在瞬

间就能搜索到，简直如同现实世界的魔法棒一般。年轻人不断地享受网络带来的便利，老年人也亲眼见证着。如今，掌握信息是多彩人生的关键，这样说也不为过。打个比方，如果没有报纸传递每天的新闻，想要对感兴趣的事情进行深入分析该怎么办呢？可以到图书馆查找资料，如果找不到想要的书还可以订购。但为了找资料花费大量的时间，这期间可能也磨掉了你的兴趣，难得的好奇心却无法得到满足，实在可惜。

用网络搜索有一点好处：只要打开计算机就能找到想要的资料。除了政府机关发布的公报，还能从政治家的个人主页得到报纸电视上看不到的独家消息等。

虽说手机也能上网，但如果会用计算机就更方便了。这么说的原因有两个：第一，手机屏幕太小。老年人阅读起来很不方便，眼睛也容易疲劳，影响阅读心情。相比之下，计算机的屏幕不仅大，而且字体也可以调节得更大些。

第二，除了可以通过网络搜索资料外，计算机在其他方面也大有用处。多亏了便捷的快递网络，只需轻点鼠标就能把外地的特产送到家中，偶尔有心仪的东西也能轻松买到。

首先要掌握计算机的操作方法。一旦学会发送电子邮件和搜索网络资料，便能给生活平添不少乐趣。出门前，可以迅速查出出行路线和地图、公交车和地铁的时间表。当然，美术馆近期展览的内容、电影院上映的影片等都能一“网”打尽。一天所需的各种信息尽在掌握，方便了生活。

能自如地使用计算机之后，搜索网络去看看博客吧！“想说什么就直接说，写什么博客？”千万不要以为写博客是多此一举。所谓博客，就是在网上记录身边发生的事情和自己的所思所想，提供一些有用的资料，展示自己的兴趣爱好（通常是摄影之类）的个人平台。

开车需要驾驶证，上网却不需要资格证。只要有一台计算机，并会操作它，就可以上网看博客。许多名人也有公开博客，看看名人的博客也十分有趣。

不同于看电视只能单方面地接受信息，看博客时还能将自己的随感以邮件的方式传达出去。一方面，能从中获得大量有趣的信息；另一方面，自己开个博客也未尝不可。想到这，就不由得满怀期待。

如果自己的博客收到回复，不就交到了新的网友？如此一来，视野也开阔了。

前面介绍的计算机用法，看一本入门书就能学会。千万不要这样想：“都一把年纪了还学什么计算机。”趁着一个人闲着在家的时候，不如去报个班学计算机。如果稍加留意，就会发现许多计算机班是专门针对从未接触过计算机的初学者，这类课程十分受老年人的欢迎。此外，让儿女或者孙子们来教计算机也是个不错的选择。

人到晚年也要善于开发自身的潜能，勇于向新事物挑战，这正是永葆青春的秘诀。如今学计算机，不是出于工作需要，而是出于兴趣，不用给自己太大的压力，按自己的节奏轻松学习就好。

那么，从学计算机开始迈出第一步，为自己打开全新的网络世界吧！

1.7 放松心情，放慢脚步

仔细回想起来，人们无论在学校、公司还是家里，一直都在勤勤恳恳地努力生活着。如今人到暮年，可以不必勉强自己，放下肩上的重担活得轻松愉快些。

但是，这对于习惯了做事竭尽全力的人来说，一旦放慢了脚步就浑身不自在。这样的人也并不在少数。埋头从前没法做的事和重拾自己的爱好固然是种享受，可如果总抱着“不能输给年轻人”“我还年轻”之类的想法就要注意了。上了年纪却不服老硬撑着，到头来往往是徒劳。

因为老年人的体力的确大不如前，如果还和从前那样，抱着不输给年轻人的好胜心，勉强自己同三四十岁的人一起登山，那么可能中途身体就吃不消了，还给同伴们添麻烦。这种自不量力的事情应该要尽量避免。

一直保持年轻的心态和愉快的心情固然重要，然而勉强自己和年轻人较劲就另当别论了。不论心态有多年轻，身体却已青春不再。不顾自己的身体，老抱着不服输的想法，“老人洗冷水澡”[一]，到头来可能自讨苦吃。做与自己年龄相符的事情，这才是老年人应有的成熟心态。

女人天生爱美，但如果上了年纪，为了让自己看着年轻些，抹着厚厚的粉底，穿着年轻人的流行服饰，想掩饰年龄，结果却会适得其反。这一点恐怕只有当事人自己没有察觉到。

最近Anti-age[二]大为流行，努力保持身心年轻虽然重要，可是上了年纪就该有这个岁数的样子。如果坐公交有人让座，嘴上说着谢谢，坐下接受别人的好意，心里却想着“我明明没到要人让座的年纪呢”，这样怎么行呢？

㈠日本谚语，指老年人不顾自己身体，做些与年龄不相符的事情。

㈡Anti-age，抗衰老。

1.8 腰缠万贯不如好友相伴

退休之后，摆脱了工作时复杂的利益关系，可以与人自由交往。此时，正是结交朋友的最佳时机。在职时，即

使与对方话不投机，也不得不勉强同上司、客户和同事搞好关系，这无形中让人倍感压抑。尤其对女性而言，可能还要面对职场性骚扰。离开工作岗位之后，再也不用对讨人厌的上司和毛手毛脚的人强颜欢笑了。

自此，同上下级关系和权力斗争告别，做个不为生计烦恼、不为家庭忧愁的大伯大妈，同悠闲享受晚年的同龄人交友。

与周围的人先建立关系，同趣味相投、话语投机的人交朋友，扩大自己的朋友圈。因为大家都上了年纪，不必勉强双方像年轻时那样整天腻在一起，保持宽松自在的关系岂不是更好？

H女士一个人过之后，身体也变得越来越好。老伴在世的时候，如果要独自外出，不仅出门前要准备好早点，吃晚饭前还要赶回家做饭。H女士喜欢看戏，但因为总是记挂着照顾老伴，连看戏都品不出其中的乐趣了。

如今一个人无牵无挂，想什么时候出门全看自己的心情。今天逛街，明天看歌舞，下周去泡温泉。不同的活动有兴趣各异的朋友作陪，有逛街的朋友、看演出的朋友、泡温泉的朋友，生活好惬意。因此，H女士深感：朋友才是人生最宝贵的财富。晚年生活正因有朋友相伴，虽然自己并不富有，但却打心底觉得富足，生活有滋有味。

1.9 紧急状况有备无患

一个人的晚年生活悠闲自在，却并不是说无忧无虑。毕竟上了年纪，万一生病怎么办？需要人护理怎么办？得了老年痴呆症又该怎么办？心里越这么想，担心的事情就越多。

确实，享受今天健康快乐的日子的同时也要为将来积极打算，应该考虑如果发生什么事情该怎么办。但过于惶惶不安，就体会不到当下生活的幸福滋味。

话虽如此，对于突发状况仍需要作好应对，万一发生什么事情的时候，确保周围能有人帮得上忙。

如果得了老年痴呆症要卧床养病的时候该怎么办？去世后的葬礼该怎么办？遗产怎么分配？最好事先详细写清楚，交代好身后事，预备好所需的钱，那么就能按自己所希望的那样让人操办。

遗嘱最好放在容易找到的地方。这样就不会出现找不到遗嘱的情况，之后的某天发现时，只好遗憾：“原来老人家早有准备，要是能早点发现就好了。”也许有人会说预先准备好这些，就会容易想到不好的事情，多让人心神不宁呀！恰恰相反，如果事先安排妥当，就能尽情享受无忧无虑的生活了，正所谓“有备无患”。

这样的准备是不是够周全呢？这么想的话是没有尽头的，因为这世上本就没有什么百分百的事情，想必人生阅历丰富的老年人更明白这个道理。尽人事而听天命，一切顺其自然，晚年一个人幸福生活的智慧不正在于此吗？

1.10 学会理财，平衡收支

一个人安享晚年最起码要能自立。关于自立，大多数人可能会理解为经济上的独立，其实自立的内涵要广得多。自立是指对健康、生活与财产的妥善管理。健康管理是指适度的饮食、运动；生活管理就是做好打扫、洗衣等家务活。这两方面稍后再作介绍，先简单谈谈财产管理。

一个人安享晚年，当然需要花钱。根据2007年日本某财团的《生活保障调查》，基金会、人寿保险和文化中心为老年人算了一笔账：夫妇两人每月最低生活开支平均在23.2万日元左右，加上在兴趣爱好上的花费和外出旅行的费用，总共38.3万日元。除去退休金和养老金，按照两人活到平均寿命计算，退休前至少要准备3000万日元（约243.1万元人民币）的积蓄养老。这个数字真是高得令人叹为观止，根据住房条件、还贷情况和个人资产状况的不同，所需的金额略有变化。

上班族还能从现在开始省吃俭用、努力存钱，可是对于已经步入晚年的老年人来说，哪能筹到那么多钱？那么就要搞清楚可支配的资金数额，养老金、红利以及急需用钱时能折现的资产，这就是经济上的自立。

从今天起弄清自己的收支情况，量入为出。当然，这并不意味着决定今晚菜单的时候要节衣缩食，只要保持收支平衡就好。

1.11 晚年对自己不再吝啬

许多人为家人辛苦了大半辈子，却总把自己的事情抛在脑后，从不奢求把自己放在第一位，甚至想想都会感到有点罪恶。

虽然人生中有许多小插曲，但晚年总算是过上了无忧无虑的生活。人生中这般美好的日子任谁都觉得心满意足，手头的养老金和存款，除去办身后事要花的钱，余下的全部可供自由支配，不必顾虑别人。且把晚年的自在与闲暇当作对辛劳一辈子的奖励，全心体会这份美好。

人生有太多的如果，不可能做好万全的准备，别总想着如果需要护理该怎么办，如果卧床疗养该怎么办。尽己所能做好准备，之后便顺其自然，以后的事情到那时再说。

比起每天寝食难安地过活，倒不如坦然面对，过自己想要的生活，不断迎接挑战，尝试做自己想做的和喜欢的事情。不要吝啬金钱，让活着的每一天都过得心满意足。

到附近走走，从身边的一草一木感受四季的更替变化，就会顿时感到神清气爽、心情愉悦。这又是何等奢侈的闲情雅致！大把的美好光阴，正是晚年最大的财富。

常言道：千金难买寸光阴。这么看来，最幸福富足的生活或许就是晚年一个人的生活吧！

探寻在职时期无暇感受的点滴幸福，心境平和地度过每一天，对明天的到来怀抱期待。除此之外，还奢求什么呢？

第2章

自立的人和孤立的人

想要享受一个人的晚年，不仅要懂得照料自己的生活，还要善于与人沟通。晚年要告别独居的孤单，朋友是无可替代的宝贵财富。要懂得用心经营人际关系，结交朋友，不断地扩大自己的朋友圈子。

2.1 老年人的四条交友秘诀

想要享受一个人的晚年，不仅要懂得照料自己的生活，还要善于与人沟通。晚年要告别独居的孤单，朋友是无可替代的宝贵财富。要懂得用心经营人际关系，结交朋友，不断地扩大自己的朋友圈子。

第一条，受邀请时欣然前往。

当地社区举办活动或者熟人相邀时，请别抱着消极的心态轻易拒绝参加，说什么“我对这活动不太感兴趣”“参加活动的尽是些陌生人，我怕生”“这个活动太无聊”之类的话。尤其是不少人除了在职时的人际关系之外，鲜少有知己，也极少参加当地社区活动。对于这类人来说，不要怕生，要经常参加各类活动，尝试逐步融入当地社群，这样还能防止性格变得孤僻。

当有人邀请参加活动时，何不欣然前往，权当是结交朋友的好机会。退休后再也没有什么会议要参加，一个人在家里闲着也是闲着，接受邀请的话，或许有意外的收获。就算是去了之后，发现活动没什么意思，同伴也不好相处，下回不参加就是了。

第二条，朋友间距离产生美。

即便是再要好的朋友，上了年纪以后，也不必像学生时代那样，不分时间、地点地老是腻在一起。这样无论对自己还是对方来说，都是一种负担。人到了这把年纪，细水长流的交往方式不是更好吗？君子之交淡如水，这样的友谊才能隽永。

晚年独居的老年人容易感到寂寞不安，因此，有时候对朋友也会有点任性，使些小性子，却忘记了人各不相同，每个人的价值观和情况也都不尽相同。朋友间无论多么投缘也不要过于亲密，保持恰到好处的距离是老人的智慧。老话“吃饭八分饱，说话留三分”，讲的也正是这个道理。

第三条，无法交心就不必勉强。

这世上的人形形色色，有的人任性妄为，有的人自以为是，有的人爱发牢骚，有的人牙尖嘴利。如果同有些人性格不合、很难相处，也不用勉强自己硬要和他们做朋友。

没退休的时候，面对职场上的上司、同事和客户，即便打心里不喜欢，也不得不默默忍耐，努力和人相处。但是如今，已经从职场大舞台上谢幕，退休后过着优哉游哉的晚年独居生活，如果这时还勉强自己，把难得的闲暇时间耗在话不投机的人身上，岂不是自寻烦恼？倒不如与知己好友一同享受这美好的时光。当然，即便是面对讨厌的人，也要尽量避免表现得太过直接，应以成熟、灵活的方式处理人际关系。

第四条，结交各年龄层的朋友。

除了和同龄人交往之外，也要结识各个年龄层的朋友。比自己年长的也好，年轻的也罢，如果能有许许多多不同年龄层的朋友，那么自己的朋友圈也会宽广起来。而这其中，异性朋友尤其珍贵。

2.2 从力所能及的家务做起

晚年独居，顾名思义，意味着要一个人生活。在生活上自立，也就是指具有晚年独居的能力。一个人的晚年，靠自己的钱安享晚年是经济上的自立，但更重要的是要在生活上自立。

所谓生活自立，就是指能够管好自己的日常起居。简单说来，就是能自己动手做些洗衣做饭、打扫卫生的家务活。许多人会说“对家务活不在行”“家里也没什么活儿呀”。说这话的绝大多数是男性，妻子在世时一手揽下全部的家务活。为什么这么说的尽是男性呢？因为男人们总抱着“自己会比妻子先走一步”的想法，没料想妻子却突然离世，脑袋顿时一片茫然，不知所措。

生活自立能力与性别无关，无论男女都存在无法生活自立的情况。随着女性单身人数的剧增，许多女性也面临着这一问题。家务活是日常生活中不可或缺的一部分。步入晚年后，如果连最基本的家务活都不会做，怎么能谈得上安享一个人的晚年，当然也无法真正体会到晚年生活的自在与乐趣。

实在没法子照料自己日常起居的人，晚年不妨考虑同儿女一起生活，或者入住提供完善服务的老年公寓。另外，花钱聘请专业的家政人员来负责家务活和看护工作也是不错的选择。

读到这里，不少人可能为不会做家务活而深感不安。其实大可不必为此担心，最重要的是做事的决心。刚开始时，尝试力所能及的家务活，毕竟做家务活有洗衣机、吸尘器和冰箱做帮手嘛！从前总是嫌麻烦，或者推说家里有老伴忙活，就放手不管家务活，如今孤身一人，靠不得别人，事事都要靠自己。

最初，还没能上手的家务活可以想办法找人代劳。比方说，三餐可以叫餐饮外卖，清洁可以找家居清洁公司。然后，逐渐增加自己负责的家务活。

可以把家务活这件新鲜事物作为一种挑战，保持大脑活力的同时，说不准还能找到做家务活的乐趣所在。

2.3 收拾干净屋子才好招待客人

从成立日本第一家遗物整理公司起，吉田先生目睹了超过1000起的孤独死[㊀]事件。他在书中总结了孤独死现象的共通点，大体有以下几点：床上满是垃圾，棉被放着不叠，床和家具上放着酒瓶，脏衣服扔得到处都是，厕所和厨房里脏乱不堪，窗户玻璃碎了、家用电器坏了也没人修理。

防止老年人孤独死，要从身边的点滴小事做起。如果有以上类似的症状，那么就要留心注意了。

吉田先生认为，晚年如果是这样的生活状态，那么就大事不妙了。孤独死的生活环境已经没有最基本的生活标准可言。垃圾满了要扔掉、东西脏了要清洗是理所应当

㊀孤独死是指在没有任何人照顾的情况下死去，是由日本媒体推出的一个社会学新词汇。

的，要是连这些最基本的家务活都不做，那怎么行呢？总想着：“好麻烦，等会儿再做吧！”家务活越积越多，后果可能很严重。

人本来就有惰性的，没有人监督的话，便越来越懒散了。住在脏兮兮的屋子里，人也会变得无精打采。就这样，“人越懒家里越脏，家里越脏人越懒”，不知不觉中就陷入这么一个恶性循环。那么，如何能克服人的惰性，防止陷入这种恶性循环中呢？

J先生退休后不久，老伴便过世了。长大成人的孩子早已成家立业，想着自己还不到65岁，身体也不错，J先生便决定晚年独自生活。本来J先生以前就没怎么帮着做家务活，只有老伴开口差遣，才出门倒垃圾，或者帮忙提个东西。J先生倒并不是认为“家务是女人的分内事”，而是想帮忙做家务活，老伴却总是嫌他碍手碍脚。一直没有搭得上手的机会，久而久之，J先生便再也不碰家务活了。

晚年一个人生活，不会做家务活也不是没法过活。J先生的三餐要么去便利店吃个盒饭，要么烤面包片、煎鸡蛋来吃；洗好晒干的衣服也不叠整齐放好，衣服堆得像小山一样高，想穿的时候才到衣服堆里去翻出来。

J先生有晨练的习惯。他每天清晨都会去附近的公园锻炼身体，结识了不少同年龄段的男性友人，有时也和志趣相投的朋友结伴钓鱼，和在公园里一样闲话家常。那天，J先生晨练回来的路上和朋友边跑边聊，离家不远时，突然下起雨来，他便开口邀请朋友去家里喝茶避雨。话刚出口的那一瞬，他便想到家里脏衣服扔得到处都是，棉被也皱着团成一团，厕所里的饭盒堆积如山……家里乱成这样，怎么能招待客人呢？于是他只好作罢，向朋友道歉之后便匆忙赶回家。为了避免家里脏乱而没法招待客人的尴尬，J先生决心改掉坏习惯，好好生活。打扫干净屋子之后，J先生又邀请那位朋友来家中做客，喝茶聊天、闲话家常。

这之后的日子，J先生常邀请朋友来家里做客，因此结交了不少朋友，朋友圈也广了。因为J先生一个人住，朋友们都觉得在他家中做客自在舒服。那些从前觉得烦人的家务活，J先生现在也做得顺手了，打扫厕所一日也不落下，不论家里什么时候来客人都不用担心。他一个人生活得井井有条，精神也越发矍铄，还交到了不少朋友，每天都过得十分快活。

像这样，不怕外人见到的生活状态，才是晚年生活的基本标准。如果能做到这样就不必担心，因为无论何时家里都整洁体面能招待客人，热情好客的人往往还能结交更多的朋友，不仅提高了自己的生活质量，心情开朗，人也更加年轻了。

2.4 合理安排日常生活

晚年独居的一个好处便是自由，什么时候起床，什么时候吃饭，什么时候睡觉全听凭自己安排。对于过惯了朝九晚五忙碌生活的上班族来说，这简直就是梦寐以求的生活。

千万不要高兴得太早。试想：清早起来，顾不上穿衣服立马打开电视机，卷起棉被披在身上当衣服；肚子饿得咕咕叫才去附近的便利店买盒饭果腹；每天窝在被窝里犹豫："今天做点什么好呢？"心情也会变得很低落。

如果一直是这么个状态的话，人也渐渐地提不起精神来。自由并不意味着懒散。晚年独居要对自己的行为负责，否则就谈不上安享一个人的晚年。

人总是贪图享乐的，生活中稍不注意就会懒散下去。那要怎样才能摆脱懒散的状态呢？首先，为每天的生活制订计划。定好每天起床、三餐和睡觉的时间，安排好一天要做的家务活。比方说，早上起来马上收拾好被褥；吃饭的时候，顺便打开洗衣机清洗衣物；休息一会儿再做些简单的清扫活儿。

这样，把每天的家务活像必修课一样清清楚楚地安排好，并为自己安排散步、园艺之类的活动，在满足兴趣爱好的同时还锻炼了身体，岂不是一举两得吗？

一个人的晚年要懂得享受生活。晚上一边泡澡一边享用美味的小点心，洗完澡之后顺手把浴缸刷洗干净，这样明天就能继续享受泡澡的乐趣了。

想看的节目可以预先设定好时间录制下来，就不用受到播出时间的限制，可以按自己的起居习惯安排观看节目的时间。这样还能防止人懒懒散散，整天耗在电视机前。遇到不好看的节目或者无聊的段落还能快进或者删除，着实节省了不少时间。

不如把日常随感用纸笔记录下来。如此一来，不仅能安排好日常生活的时间，还能形成生活规律。人一旦懒散，就容易一直懒洋洋的。是时候告别懒散，让身体轻快地动起来了。虽说已制定了日程表，但更重要的是遵守日程安排的决心。因此，不要只写大概的时间段，而要定下明确的时间点。由于不是集体生活，老年人可以根据自己的情况，适当变动日程安排。比方说，今天胃口不好，晚饭吃得简单随意些，或者下雨天可以暂时先不洗衣服。

可以把日程表的遵守情况看作是懒散与否的衡量标准。临睡前，回想一整天做的事情，如果因为偷懒而打破原定计划，那么明天按照日程表改正就可以。下雨天没法摆弄花草园艺，闲下来的午后时光大可以去美术馆走走看看，欣赏一下艺术品。在日程表中加入一些非常规的活动，这样，为规律的生活平添几分新鲜刺激，不由得让人跃跃欲试。

此外，每周为自己安排一两次地铁、公交出行的计划也是不可或缺的。偶尔去外地游玩，可以穿些平时不会穿的衣服。这并不是说要打扮得花里胡哨，连自己看了都觉得害羞、不好意思见人。出发去外地前，先去附近的商场或者便利店转转，渐渐便不再因别人的目光而紧张。根据自己的喜好选择出行目的地，参加才艺兴趣班、志愿服务活动，参观美术馆、剧院等。如果能和好朋友结伴而行，那就更有乐趣了。

像这样，每周、每月为自己制定简单的日程表，记录在本子上，心中对明天满怀期待。比起在职时填得满满的日程，这张日程表当然要悠闲得多，如果每隔一两个月能自驾旅行一次就更好了。每天晚上睡前看着日程本子，憧憬着这个或者那个计划安排，也不失为乐事一件。

2.5 坚持每天运动半小时

假如晚年没有健康的身体，自然谈不上安享一个人的晚年。随着年龄的增加，身体不是这里不舒服就是那里不自在，这也是没法子的事。但如果是因为健康管理不当而导致的不适，那就是自身的问题了。

独居老人要以健康长寿为目标，学会管理自身健康。大家可能对“代谢综合征”[一]这个词并不陌生。然而，这不单单意味着脂肪的“过量”，随着内脏脂肪的积聚增加，

[一] 代谢综合征（Metabolic Syndrome, MS）是多种代谢成分异常聚集的病理状态，是一组复杂的代谢紊乱症候群，是导致糖尿病（DM）、心脑血管疾病（CVD）的危险因素，其集簇发生可能与胰岛素抵抗（IR）有关，内脏脂肪堆积是代谢综合征的重要特征。在日本也被称为内脏脂肪综合征，目前已成为心内科和糖尿病（DM）医师共同关注的热点。

诸如高血脂、高血压、高血糖、心肌梗死、脑梗死等动脉硬化性疾病的患病概率也随着上升。

日本厚生劳动省《2008年国民营养健康调查概要》显示，40 ~ 74岁的人当中，每四位男性或每十位女性中就有一个人可能患有代谢综合征。

如今，代谢综合征已经不是离我们很遥远的罕见病了。这种疾病也被称为生活习惯病，是由不合理的生活习惯引起的。刚开始按照健康方式生活的时候有些吃力，但如果能按书上所说的略为自制，这类疾病完全可以预防。为了一个人的晚年能健康快乐地度过，先来摆脱代谢综合征的危险吧！一旦形成良好的生活规律，之后就不用那么辛苦了。

内脏的脂肪很容易囤积。但是，只要好好努力，要减少内脏脂肪也不难。所谓的节食，不是为了减轻体重塑造形体，而是要减少内脏脂肪，预防代谢综合征。年轻女孩热衷的节食计划，虽然能有效减轻体重，但对减少内脏脂肪却收效甚微。

预防代谢综合征主要靠改善饮食及作息习惯，养成锻炼身体的习惯。例如，选择营养均衡的食物，细嚼慢咽，不暴饮暴食，只吃八分饱；少吃零食，睡前忌食；少吃甜食及油炸食品，饮酒适量。虽然只是些简单的小习惯，对预防代谢综合征却很有效。这些建议要试着照做，而不要当耳旁风听过就忘。

“都一把年纪了，如果在饮食上还不能随心所欲，那人生还有什么乐趣可言呢？幸福就是想吃什么的时候就一个劲儿地吃到满足为止。”假如认为这就是晚年独居的乐趣所在，那么健康的身体也将日益离你远去。

不论年岁几何，任何时候都应该保持均衡营养的膳食。对于那些只吃对胃口的饭菜的人来说，不妨考虑选择适合老年人的配送营养餐，或者营养餐的半成品。还有适合糖尿病人的菜品，即使不是糖尿病患者，出于预防需要也可以选用。

不管是每天配送三餐，还是每周两到三天，或仅仅是每天的晚餐，配送中心提供了各种口味和类型的菜品，价格实惠，方便快捷。选择这种配送服务，可以学会配菜的方法和均衡膳食的调配，还能试着自己做一顿营养餐。自己动手做饭不但经济实惠，还能开动脑筋发挥创造力，手脑并用，做家务活还能预防老年痴呆呢。

改善饮食习惯的同时，每天适量运动也能有效预防这类疾病。但正如前面所说的那样，预防代谢综合征并不是为了减轻体重，而是通过运动来促进内脏多余脂肪的燃烧。因此，预防代谢综合征不一定要去健身房运动，每天保证散步或者慢跑之类的有氧运动即可。每天坚持锻炼30分钟，或分三次，每次运动10分钟也可以。

这样的话，清晨散步的同时不就能预防代谢综合征了吗？“身体健康，心情舒畅”一举两得。如果能持之以恒，养成均衡饮食及运动习惯，摆脱不良生活习惯，那么，生病的概率降低了，去医院买药的花费也减少了。有了健康的身体，才能在晚年过得富足，体验更多的乐趣。

2.6 小习惯预防老年痴呆

老年痴呆说不准哪天就会病发。那么，能不能预防老年痴呆呢？

老年痴呆（阿尔茨海默病）是由一种被称为“β 淀粉状蛋白”的物质在脑中积聚30年后所产生的并发症。因此，防止老年痴呆的方法就是要防止“β 淀粉状蛋白”的积累。

养成以下习惯能预防老年痴呆。

首先，进行散步之类的有氧运动，每天30分钟。以步数来计算的话，大约是7000 ~ 8000步。散步的时候可以带上计步器来计算步数。如果感到不舒服，请及时地停下来休息。中途走累了，也不妨停下来歇一会。

其次，在饮食方面多吃蔬果、海鱼。蔬菜水果中富含具有抗氧化作用的维生素C、维生素E以及 β 胡萝卜素，能预防老年痴呆。对于不常吃蔬菜水果的人来说，蔬果汁也是不错的选择。口渴的时候喝上一杯蔬果汁，既解渴又营养。

此外，诸如沙丁鱼、秋刀鱼、鲭鱼这些人们常吃的海鱼所含的胆固醇和中型脂肪量较低，却富含DHA、EPA，对于活血醒脑、活络神经都有很好的效果。常吃海鱼的人不容易患老年痴呆。

近来，一种营养素——叶酸也备受瞩目。人体如果缺乏叶酸，将导致血液中的动物氨基酸含量上升，从而增加老年痴呆的发病概率。预防老年痴呆还需要多摄取富含叶酸的食物，比如动物肝脏、毛豆、西蓝花、菠菜等。西蓝花中富含维生素C，菠菜中富含 β 胡萝卜素，常吃这些食物有益身体健康。

此外，红酒富含的多酚类物质对预防心脏病、动脉硬化有辅助作用，每天小酌一杯红酒有益健康，有人称之为“红酒健康疗法”。而且，红酒中所含的多酚类物质对老年痴呆也有很好的预防作用。也就是说，红酒中的多酚类物质对由阿尔茨海默细胞所导致的老年痴呆具有抑制阿尔茨海默细胞生成的效果。不喜欢饮酒的人可以少量饮用，有益于预防老年痴呆。

最后，经常开动脑筋。上了年纪的人记忆力开始衰退，除此之外，无法同时注意多个事物和迅速转换注意力，接受新事物的能力和制订计划能力也都大不如前。

用日记记录过去一天发生的事，同时张罗好几道菜，安排旅行计划，同时处理多件事情能充分发挥大脑机能，强化神经网络，可以让大脑更为强健。

另外，多参与诸如计算机、围棋、将棋㊀、麻将、书法、绘画、园艺这些能动脑的活动，保持自娱自乐的兴趣爱好也很重要。

㊀将棋是一种流行于日本的棋盘游戏，又称日本象棋。

2.7 重返大学校园学习

对于晚年独居的老年人来说，用“老”字可能不太礼貌，毕竟尚有充沛的精神和十足的体力。步入晚年后，

对老年人而言最重要的不外乎是如何在晚年过得幸福美满。如今，不用过多顾虑别人的感受，只要自己喜欢就能尝试。

就算重返大学读书，也没什么好惊奇的。现在不必参加入学考试，就能重新回到校园当一回学生。通过入学考试成为正式的大学生当然也很有意义，把这作为一项挑战尝试也未尝不可。在日本，最公平的制度就是大学入学制度。不论性别、年龄，不管有无人脉关系，只要能够达到大学所要求的学力水平就能入学。面对如今大学的高门槛，公开课程也十分值得推荐。公开课程无需进行入学考试，只要报名参加并缴纳相应的费用就能在大学听讲。

由于年轻人数量的减少，近来不少大学也积极向社会各界敞开大门。这些课程的内容涉及广泛，有像“西方哲学和东方智慧”的理论课程，也有诸如“经营顾问培训”的实用课程，还有类似“料理与美酒品鉴”的趣味课程。

各个大学所开设的课程的详细内容在学校主页上很容易查找到，也可以直接打电话询问。有些公开课程特别受欢迎，如果不立马报名，名额可能很快就满了。与文化中心的培训班截然不同，公开课程通常在大学开讲，在大学校园中听课可以体会在校学生般的气氛，还能与年轻人交流，在学生食堂就餐。此外，参加课程的男女老少社会背景也各不相同，或许能交到意想不到的朋友。

有志于专业知识学习的人，不如从参加公开课程起步，满足自己对知识的渴求的同时，还能扩大自己的朋友圈子。

如果想体验学生生活，但附近又没有大学开设公开课程，那么可以考虑接受网络远程教育。许多大学都开设了网络远程教育，不论身处何地都能学习大学课程。“在家学习”如果想拿学分，就要求在大学亲身听讲一段时间，并且提交报告，参加考试。去异地上大学，还能体会到旅行的乐趣。

想要继续深造的人还可以参加夜校学习，完成毕业论文。如此一来，拿到大学毕业证书也不再是梦想。

2.8 取得从业资格证书

身体健硕、时间充裕的晚年，老年人已不满足于随心所欲地享受人生，而总希望发挥余热、服务社会，这也是人之常情。人是社会中的一分子，为社会贡献一份力量便能体会到活着的意义。在这个意义上，参加志愿者活动最能满足老年人服务社会的想法。

从事志愿服务时，如果拥有相应的资格证书，扩展自己的能力，不仅能方便更好地参与志愿服务，还能靠自己的双手赚些零用钱。如果恰好对某个资格证书有兴趣，何不试着挑战一下？

下面，给大家介绍一下一些从业资格证书的获取方式。

对看护人员的需求量预计在未来会不断上升。从事志愿服务时，也有需要看护辅助的情况。那么，要是能取得看护的从业资格证书《家务助理二级》就再好不过了。想要取得从业资格证书，可以参加地方自治团体组织的家务助理培训班，或者日本厚生劳动省认可的从业人员培训讲座（大约在每年的三月到六月）。培训结束后，无需考试就能获得从业资格证书。为自己今后的晚年生活作打算，参加培训也是个不错的机会，不仅能积累看护的实际经验，还可以成为社会福利工作者。

此外，在退休的上班族中，大厦管理员资格相当受欢迎。这是2001年设立的资格认证，要求从业人员能在大厦管理综合运营、建筑维修等技术问题上提供专业意见，拥有涉及民法、不动产登记法、大厦构造、设备等多方面的专业知识。该资格考试每年举办一次，如果对大厦管理员有兴趣的话，不如考虑报名去专业培训学校学习相关课程。

最后，“临床美术师”这个从业资格大家可能鲜有所闻，但在今后却定会为人瞩目。所谓临床美术师，就是通过教授绘画、陶艺等美术品制作来达到活化大脑的功效、预防老年痴呆的目的。临床美术师是以美术为手段，激发大脑各种潜在能力，促进大脑活性化的指导教师，其从业资格由日本临床美术协会进行认定。

2.9 感受志愿服务的乐趣

志愿服务是一个统称，其分类众多，由当地活跃的各个社团组织而成。参与老年人居家生活的服务社团也是不错的选择。另外，还有确保孩子上下学安全的志愿者、发展中国家的资深志愿者等。如果弄不清自己适合从事哪类志愿服务，也不知道如何参与其中，以及对具体目标一片茫然的人来说，可以先去高龄人才中心了解一下情况。

如果擅长做家务活的话，那么就有庭院除草、修剪林木、清洗空调、更换拉门等诸多服务项目可以参与，只要在人才中心录入自己想做的志愿服务项目即可。没有经验和技术的人也不必担心，人才中心专门为这类人员开设了讲座，教授相关的业务知识。

在这里，推荐晚年独居的朋友参加为高龄独居者服务的志愿工作，就是陪着年长老人闲话家常，帮做些家务活，陪着去医院看病，帮着跑腿采购东西之类。从事这类志愿服务，除了有帮助他人而在精神上获得的满足感之外，还有两点好处：第一，接触长者，对未来的生活有更具体直观的印象。另外，详细了解看护服务，结识志愿服务的伙伴，万一哪天自己需要人看护，便不会惶惶不安、不知所措了。这也就是说，将来的生活没有了后顾之忧，每天都能尽情享受幸福的晚年生活。不过由于地域不同，制度也各不相同，不能一概而论。

另外一个好处是，参加志愿服务活动能强化相应的人际关系。当自己需要帮助时，便能用得上那方面的朋友。在制度尚未完善的地区，今后也将逐渐采用这类志愿者组织结构。

2.10 独处时也请展开笑颜

没有人能逃过岁月的无情蹉跎，就算是当年奥运会上的顶尖运动员，一旦上了年纪，也摆脱不了身体这里那里不舒服、容易患病的命运，这正是自然规律呀！

各人的情况不尽相同，可能与遗传基因或者日常饮食息息相关。对年轻人无关紧要的小毛病，对于身体大不如前的老年人来说，却可能有致命的危险。想要身体不轻易得病，最重要的是提高自身免疫力。应从每天生活的细节中做起，提高免疫力，诸如养成营养均衡的饮食习惯，保持充足优质的睡眠，坚持适量的运动，等等。

除此之外，要放松心情，经常微笑。这些都是容易做到的简单小事，只要生活规律、心情愉悦，疾病自然就会离你远远的。

知道一种叫作“天然杀手”的细胞吗？这种细胞能抑

制癌细胞以及病毒对身体的危害。最近的大脑研究表明，笑能活化这种细胞。此外，当人面带笑容的时候，还能降低血糖、活化大脑机能。即便无法“哈哈哈”大笑出声，面带微笑也有相应的功效。仔细想来，笑不正是人类所应该有的表情吗？

“人快乐时未必会笑，但笑着的时候必定会开心。”如此看来，笑口常开不仅有益身体健康，给自己带来欢乐，还能让周围的人一同感受到这份快乐而变得开朗起来。这可不只是一石二鸟，而是一石三鸟呀！

常言道：“笑口常开，喜福临门。”从此刻起展开笑颜，千万不要认为一个人在屋子里笑看起来傻乎乎的。如果稍加留心就会发现：从身边的点滴小事也能感受到快乐。生活中充满了喜悦，快乐就在身边。

2.11 兴趣单一不如涉猎广泛

据统计，在职时期的工作时长与退休后的自由时间基本对等。想到退休后，有像工作时那么长的时间可供自由支配，如果无所事事，生活岂不是了无情趣吗？

许多人在退休前就下定决心：“一定要做成这事儿。”那么，现在正是实现愿望的大好时机，如今终于有了大把的时间来完成当年的心愿。然而竭尽全力、全心投入唯一的一件事，可能并不那么令人享受。这时，最好适当调整一下方式，做些其他感兴趣的事情，也不失为让心情放松愉快的好方法。运动爱好者就是最好的例子。许多人酷爱马拉松和网球，然而岁月不饶人，如今的体力已不胜当年。工作的时候，想着“只有周末才能做运动”便热情高涨，精神百倍，全心投入其中。人到晚年，享受运动乐趣时就要学会悠着点，根据个人情况量力而行。毕竟年纪在那里，如果身体吃不消，就不必勉强自己。相反，如果硬扛下来，到头来吃苦头的是自己，还会给周围的同伴带来不必要的麻烦，这又是何苦呢？如果膝盖不舒服的话，就暂且休息一下，稍后再练习，这才是老年人应有的明智之举。

尽想着自己是网球高手，怎么能中途认输，硬撑下来的结果是膝盖疼得要命，还妨碍了日常生活。到那时，除了网球别无所好，养伤的时候无所事事，就得无聊好一阵子了。在职时期，兴趣爱好不必做到全力以赴、竭尽所能，而退休后倒不如培养自己更广泛的兴趣爱好，来丰富充实晚年生活。涉猎尽量广泛，最好做到“动静结合”“身体运动与脑力运动相结合”，如果能做到“个人爱好和集体活动相结合”，那就再好不过了。想要热闹、与人亲近的时候，要参加多人参与的活动；想一个人静一静的时候，便选择独自一人的兴趣爱好。晚年的兴趣爱好不在于“精”，而在于“多”。

2.12 用博客开启崭新世界

正如前文所讲的，博客是在网络上分享兴趣爱好、身边趣事的个人网站。可能马上有人急着说："我对网络不在行呀！"请先读完下文再这么说也不迟。

如今这个时代，对于老年人来说，在网上搜索资料、发送电子邮件，就同与人交往一样是必须要会的事情。不少人有手机却没有计算机，用手机当然也能搜索资料、发送邮件，但是接下来介绍的博客却要会用计算机才更方便。

I女士的老伴退休后，两人享受着难得的悠闲生活。不幸的是，老伴突发脑出血去世了。此后，I女士便浑浑噩噩地过活。母亲这个样子，做女儿的看在眼里十分担心。I女士的女儿早年出嫁，有两个读小学和幼儿园的孩子要照顾，是个地地道道的家庭主妇。她邀请母亲来家里同住的提议，被母亲以城里公寓太狭小住不习惯拒绝了。女儿偶尔回家，看到父亲生前用的计算机，上面已经满是灰尘。I女士不会操作计算机，便任凭计算机这么放着积灰尘。父亲在世的时候，常常用这台计算机来处理照片，如今，虽然手机也同样能处理照片，但手机屏幕那么小，母亲的老花眼根本看不清，于是手机也不常用。

那时的电话还不能像计算机一祥，实现视频通话。女儿就劝说母亲："孩子们一直想和外婆视频通话，去计算机培训班学一下怎么操作吧！"她想着如果出门学一下计算机，母亲就不必整天无所事事地待在家中了。

起初，I女士是因为想看外孙们的笑脸，才去计算机培训班参加学习的。在培训班中，I女士发现不仅有许多自己的同龄人，还有更年长的学生。在那里，她交到了不少朋友。年轻的老师教课认真，态度亲切，不厌其烦地讲授课程内容，也让人乐在其中。

I女士又开始注重仪表，时常外出。她学会了计算机的操作方法，不久就能同外孙们视频通话了。当从计算机培训班的朋友那里听说了博客之后，早已不满足于网络搜索和视频聊天的I女士，很快从网上学会了博客的玩法。

她决定自己开一个文字和照片相结合的博客，可是写什么内容好呢？网上博客内容五花八门、应有尽有。正烦恼的时候，培训班的朋友听说后建议："写什么都行呀，那天我在犹豫写些什么的时候，想到自己喜欢园艺，就记下了花儿播种的时间、哪个品种的花儿何时开放之类的内容，还收到了博友的回复，可把我高兴坏了。"写博客不需要绞尽脑汁、标新立异。

I女士做菜可是一把好手。她在博客上记录身边趣事的同时，还分享了拿手菜土豆、牛蒡的美味秘方，这些菜充满了久违的妈妈的味道。那天，I女士收到了博友的邮件，那位年轻的主妇很开心地告诉I女士，照着她的秘方在家里做，老公吃了赞不绝口，直夸有妈妈的味道。

这以后，经过口口相传，I女士的博客收到了许多年轻主妇的邮件，甚至还有人专门来讨教育儿经。女儿看着母亲一天天精神起来，过着积极向上的晚年生活，也打心里为母亲开心。

I女士的博客大受好评，成了计算机班轰动一时的话题。有时她还同计算机班的学友们和平时的好友们相约聚在自己家里，开个小型厨艺班教大家做菜。

这样，从最初的写邮件、搜索资料开始，计算机为晚年生活打开了崭新的世界。除了写博客，计算机还有许多功能，比如整理编辑照片、制作贺年卡等。另外，使用计算机时手脑并用，还能预防老年痴呆。

2.13 在当地的初次亮相

大家对“公园初次亮相”都不陌生，对有育儿经验的人来说是一种常识。所谓公园初次亮相，就是婴儿长大一些以后，对亲人和家以外的事物充满好奇心，这时就由家长领着孩子去附近的公园和同年龄的小孩玩耍，并同那些孩子们以及陪着前来的家长们打招呼：“初次见面，以后要好好相处哦。”这是孩子们结交朋友的必经礼仪。

同样的道理，晚年独居的人交朋友的必经礼仪就是“在当地的初次亮相”。不要想当然地觉得好麻烦，在邻里关系淡薄、疏于交往的今天，和邻居成为朋友非常重要。从一开始互不相识，到有困难时互相帮助，俗话说：“远亲不如近邻。”有邻里朋友相伴是安享幸福晚年的有力保障，朋友自然是多多益善。尤其对于上班族来说，从前整天忙着工作，下班回家倒头就睡，几乎没有和周围邻居打交道的机会。对于家庭主妇来说，一直忙着照顾孩子们，直到他们长大独立、成家立业，自己同当地社团中的许多人却疏于问候。

退休后不久老伴就去世的S先生，如今生活在公寓楼里。长大成人的孩子们都各有各的家庭要照料。S先生在职时，同前面讲的那样，过着回家就睡觉的生活，鲜有机会同邻居照面，甚至连邻居的样貌都记不太清楚。

刚开始一个人生活的时候，S先生特地大老远地坐地铁赶到朋友家做客，去得太过频繁，连自己都觉得不好意思了。

之后，他每天去公园散散步，到图书馆看看书，日子就这么一天天过去了。从前S先生想着退休后同老伴一起安享晚年，积极地盘算着多姿多彩的晚年生活。那天，S先生在从图书馆回来的路上，附近老年人活动中心的出口处的公告栏引起了他的注意："举办烹饪讲座，男人该怎么做菜。"在S先生的观念里，老年人活动中心是家庭主妇们闲话家常、家长里短的集会中心，至今连门都没有踏进去一步。但是他吃腻了外卖和盒饭，正打算在家里做饭吃，看到课程的收费合理，就抱着试试看的想法参加了一回。S先生本来对课程不抱多大的希望，没想到的是，不仅在课上学到了有用的烹饪技巧，还有意外收获。参加烹饪班让S先生融入了当地社群，课上不仅有S先生的同龄人，还有更年长的长者和少数年轻人。S先生看到如今年轻男性也开始学做菜大为吃惊，觉得自己从前老认为“干家务是女人的分内事”的这种想法太落伍了。这之后，S先生便再也不觉得不好意思，决定有空时常去老年人活动中心转转。

多亏参加了烹饪课程，S先生在班上结识了不少邻里朋友。如果留心老年人活动中心的公告栏，就会发现各类课程、读书会的信息，数量之多令人咋舌。贴出来的消息中不仅有英语、中文等语言类课程，还有文学、历史、手工、料理、绘画等兴趣班，此外，还有诸如瑜伽、健身操之类的体育类课程。

S先生便想着参加一两个感兴趣的课程试试，除了能听到感兴趣的内容，能结交新朋友也说不定。想到这里，他便期待极了。

这以后，从前连邻居的脸都认不清的S先生成了业主自治委员会的干部。从前他忙忙碌碌是因为工作，身不由己，如今总算得闲，通过参加业主自治委员会的活动，认识了许多的同幢楼的邻居。

这便是S先生在社区的初次亮相，不如说是从老年人活动中心的公告栏开始初次亮相。有志于加入业主委员会成为其中一员不错，成为市政会的成员更好，一定要学着不断扩大自己的朋友圈子。

2.14 克服记不住人名的毛病

参加老年人活动中心的课程和当地社区的讲习会，为晚年生活打开了一扇通往新世界的大门。但是面对初次见面的陌生人，总是会有些怯场，不知道怎么交谈、怎么接话才好。

到了陌生的环境面对陌生的人，都会感到紧张，这是很平常的事。但不必担心，接下来教给大家几个简单易学的小秘诀。

第一，面带笑容。满面笑容的人通常不会给人留下糟糕的印象。因此，在教室或者公开场合，与人照面时，要记得面带笑容地打招呼："你好""晚上好""初次见面"。无论何时都要学着主动向人问好。对方回应一句："请多关照。"这样，自然而然地就能开始和对方交流了。重点是初次照面时要微笑着打招呼。让对方一眼就记住你春风拂面般的笑容，千万不要因为害羞就绷着个脸，即便是细微的表情对方也能注意到。笑脸相迎、坦诚相对才是同人交往的关键所在。不妨在镜子前，试着练习一下自己的笑容，过得了自己这关就没问题了。如同演员对着镜子练习表情一样，练习久了便能自然而然地绽放笑容。

寒暄时要口齿清楚。假使因为害羞而说话含糊不清，对方就感受不到你的心情。这也就是说，笑着打招呼的时候，要清楚地向对方表达你的友好情谊。

另一项“必杀技”就是在下次见面之前记住对方的名字。两人初次见面相互寒暄之后，紧接着就是介绍自己。如果在下次见面时，主动笑着迎上去：“某某先生，你好！”对方听了定会开心地想：“把我的名字记得这么清楚。”当别人很快记住你的名字，无论是谁遇到这种情况，都会觉得很开心。

记住新结识的朋友的名字也有技巧。首先，初次交谈时，有意识地在嘴里重复对方的名字。比方说，交谈时问到“您住在哪儿”的时候，加上对方的名字问：“某某先生，您住在哪儿？”这样的话，对方的名字很快就会印在脑子里。

此外，同人告别之后，可以把要记的东西写在备忘录上。记下名字的同时也顺带写下那个人的外貌特征，以及交谈时得来的个人资料。例如：高桥先生，瘦高个，爱好尺八[一]；广濑女士，体型富态，戴眼镜，是裴勇俊的粉丝之类。

最好养成事后记备忘录的习惯，毕竟老年人的记忆力不如年轻时那么好了。另外，回家时还能顺带记着点重要的事情。将一本备忘录放在口袋或者拎包里随身携带，乘坐公交车回家或者在超市长椅上休息的时候，都能随时拿出来翻看，这便是快速记住人名的诀窍。下次见面前重温备忘录上的内容，遇人就能立马脱口而出："某某先生，你好！"当然也别忘记面带笑容。如此，便能结交更多的好友。

㊀尺八是一种吹管乐器，源于中国，隋唐时传入日本。

2.15 别忘了疏于问候的老友

一个人的晚年生活容易变得单调无聊。这时试着和久未蒙面的老朋友联络一下，有机会的话见面吃个饭，能给一成不变的生活带来一丝新鲜感。朋友自然是越多越好，老朋友省去了从初识到知己这一过程的大半时间，是成为晚年至交的最佳人选。

首先，不如给那些许久不见、只在新年互寄贺年卡的老朋友打个电话。不选择信件，是因为用电话联络更好一些，能马上收到对方的回音。打电话给长久不见的老朋友，总觉得有点唐突，怪不好意思的。请鼓起勇气打个电话过去，如果对方不记得自己，有礼貌地挂掉电话就可以了。倘若听出了自己的声音，对方一定是同样思念着老朋友，为接到老朋友的电话而感到开心的。

参加同学会也不失为一个好办法。女性不参加同学会，大多是因为以前在班上受人欺负，不想见到讨厌的人，想起从前不愉快的经历。但要知道，对方和自己一样都上了年纪，岁月会改变一个人。今时不同往昔，人也会改变。有了丰富的人生经历，人便会成长。从前那个讨厌的同学，说不准如今倒成了志趣相投的好朋友。如果放弃同学会这个难得的机会，那就太可惜了。

男性不参加同学会的原因大多来自经济、社会的压力，不满自己的现状，出于自尊心便干脆不来了。但仔细想想，如今退休，已经不在权力游戏中，因为这些事情不来岂不可惜？何不放下这些包袱，享受同学会这一与人交往的绝佳机会。

下次接到同学会邀请函的时候，一口答应下来，参加了肯定不会让你失望。

2.16 有难处时懂得求助于人

一个人的晚年，在精神、生活、经济上都要学会自立，充实愉快地度过余生。但自立并不意味着“什么都靠自己一人承担”，并非是要老年人完全独自努力，承担生活的种种。

无论年老年少，人都会有需要别人帮助的时候，人类社会正是在互帮互助之下才得以延续的。没有人能不依赖他人独自活在这世上，需要帮助的时候，不如坦白地说出来：“请帮我一把。”“能帮下手吗？”“能和您商量个事吗？”这样又有何不可？

如果一直默默忍受，一个人硬扛着，周围的人便没法帮上忙。不坦白地说出自己因为什么而困扰，需要怎样的帮助，又怎么让旁人帮忙呢？

向他们求助绝没有什么可耻的。求助于人，是出于对别人的信赖。相反，遇到难处坚持不假他人之力，谁都信不过，这样的人同样也很难得到他人的信赖。

人活着总有需要周围人拔刀相助的时候。遇事与人商量，有难处时懂得借人一臂之力，让人信赖时自己也会倍感欣慰。得人帮助时，应打心眼里感谢对方：“谢谢，多亏有你帮忙”。

虽说要懂得求助于人，但不要过于依赖别人。如果什么事情单凭自己喜好就总是托人帮忙，很快就会被人认定是自私任性，渐渐地被朋友疏远。当真有难处的时候，如果和故事里喊“狼来了”的孩子一样，“谁都不来帮忙”，那就追悔莫及了。

最好多结交些能在关键时刻助你渡过难关的挚友。如果只有一个值得信赖的朋友，那么对那个人来说，也是不小的负担。这样的朋友关系很容易出现隔阂。从现在起，和邻里闲话家常的时候，谈到自己晚年独居就不妨好好拜托别人：“退休了一个人住，请多照顾。”当然，这也只是寒暄。

需要帮助的时候懂得求助于人，才是真正的自立。

2.17 写一张心愿清单

首先准备一张白纸，之后将心中的所想做的事情写下来。这样的心愿能写几个呢？至少也有10个以上吧！如果少于10个，就要想方设法凑成10个心愿，不管是多么微不足道或者不着调的心愿都可以。

好比说，想吃新鲜的生鱼片啦，想取得汉检[一]2级资格啦，想到韩国旅游啦，紧接着就考虑以后的日子该怎么做来实现这些心愿。“哎，吃生鱼片和去韩国旅游倒还可能成真，汉检2级是绝对不可能通过的！”但是，为何不挑

㊀“汉检”是汉字能力检定的略称，主持这项考试的组织为“财团法人日本汉字能力检定协会”，其宗旨是“普及汉字文化”。日本“汉检”考试分12级，最低为10级，最高为1级，其中还设了两个“准级”，分别是“准1级”和“准2级”。

战一下汉检2级？怎么能在挑战面前轻易认输！比起要通过努力才能达成的目标，太容易达成的心愿往往很快便让人失去了兴趣。反而是为实现心愿付出过汗水，在成功时才会有无可比拟的成就感，令人格外欢欣鼓舞。

从明天起，逐件完成清单上的10个心愿。每天为之努力，大功告成的时候才发觉时间在不知不觉间过去，身体也感觉变好了。到那时，再想想有什么其他的事情想要达成，加到心愿清单上。

做感兴趣的事情总会让人乐在其中。如果可以的话，不如写上几条要与朋友们一起实现的心愿。比如说，同喜欢“韩流”的朋友一同去韩国旅游。朋友的加入，又会给旅行增添不少趣味。

可以先协调两人的日程安排，旅行前商量好准备的事项，存好旅费，采购旅行用品等，这会令人从准备阶段开始就期待万分。

这以后，10个心愿中就不能有随随便便就能完成的事情，否则算做违规。不要为了完成心愿清单而尽写些简单的事情，而是要写上自己真正想尝试而未做的事情。人总是对未知之数充满新鲜和好奇感：本来应该做而没做的事情、应该拥有却没有得到的东西、想做而没做成的事情、想去而没去的地方、活到今日仍未有过的体验等。而挑战未知恰恰体现了人的生存意义和生命力。一个人独处的时光是难得的自在与欢快，对于一直以来想做而未做的事情，要勇于挑战自我。

临睡前，只要看着自己写下的心愿清单，脑海中便对明天充满无限期待，许愿明天一定要实现心中的梦想。

2.18 换手训练，活化脑力

虽说每天都过着欢乐充实的日子，但是人一旦上了年纪，想到养老金的问题、身体的状况和人生所剩不多的岁月，总有诸多担忧，忐忑不安。这其中要数老年痴呆最让人发愁。可惜目前医学界仍没有确定老年痴呆的病因，因此，也没有确实有效预防老年痴呆的方法。但是，通过锻炼头脑，防止大脑老化的方法确有不少，在日常生活中也很容易做到。为了保持大脑的健康活力，不如尝试着做做。

众所周知，人的大脑可以分为左脑和右脑两个部分。左脑主管写作、算数等理论思考，右脑负责直观感觉和空间认知。左脑控制着人的右半身，右脑控制着人的左半身。

一般说来，大多数人都只惯用一只手，要么是左手，要么是右手。假如是左撇子，那么就要不断地在运用右脑机能，单方面地发展左脑或者右脑，对人而言都并不有利。

要想防止大脑老化，就需要左、右脑平衡协调地工作。话虽如此，却不是说要舍弃平常惯用的手，硬让自己用另一只手来拿筷子。这么做反而会增加大脑的压力，不利于预防大脑老化。其实预防大脑老化不必如此大费周折，平时试着换手握牙刷和水杯，换手操作电视遥控器，诸如此类看起来微不足道的小动作，便能起到预防大脑老化的作用。如果没法做到的话，也不必感到有压力，时常保持游戏般的轻松心态就可以。

此外，哼唱以前的流行歌曲的同时，看着唱片上的照片，对大脑也是一种有益的刺激。一边听着自己年轻时代的流行歌曲，一边欣赏以前的老照片，回想起当年的人和当时的风景，自己也仿佛回到年轻时一般，充满了新鲜感。

此时，通过回顾往昔，刺激大脑，大大增加了大脑的活性。在追忆过去、深感幸福的同时，还能预防大脑老化，岂不是一举两得？

除此之外，看智力问答节目时，不妨自己也参与其中，像参赛者一样参与智力问答，享受个中乐趣。在解答问题的时候，全神贯注、认真思考，没什么能比这个更能帮助活化大脑的了。

此外，回答时清楚地把答案念出来。嗓子发出声音的时候，自己的声音通过耳朵传送给大脑，从而能够加倍刺激大脑活化。晚年一个人住，很少有机会开口说话，所以看智力问答节目的时候，应参与其中，身临其境般地感受答题的气氛，出声回答题目。

听收音机的体育赛事转播也能帮助活化大脑。收听收音机里播音员的声音，在脑海中描绘出现场的场景，对大脑是绝佳的训练。因此，偶尔抛开电视机，转而听听收音机吧！

过了寒冷的季节，在家中赤脚走走对大脑也是很好的刺激。足底有许多经络穴位，赤脚走路能够刺激相应的穴位，从而传达给大脑。退休后，人从工作岗位上退下来，也让双脚从袜子的拘束中解放出来，赤脚走走吧！

2.19 寻找清晨散步的乐趣

一边要赶去公司上班，一边还要照顾小孩。睡得正香时，闹钟一响就要从被窝里跳起来，开始努力工作。这样的早晨，想想也觉得忙乱吧！

如今一个人的晚年，没有比在这时更闲暇的了，可以悠闲自在地迎接每一个清晨。然而，这并不意味着随意蹉跎一早的美好。悠闲自在并不是在任何时候都悠闲，这样悠闲就变成无精打采、无所事事了。

如果不想让别人这样定义你的悠闲，那么每天早起散步去吧！清晨散步能享受在职时不能奢求的优雅，同时还能调整一天的节奏。

散步在早晨清新的空气中，感受一草一木随季节更替变化，天空中云朵随风飘移。像这样全面地用五官感知自然，连大脑也会充满活力。同时，从大自然汲取的力量让人一整天都神采奕奕、活力非凡。

大自然中含苞待放的花蕾，在阳光下一闪一闪的嫩叶，摇着尾巴欢快跑来的小狗……

努力寻找生活中小小的快乐是非常重要的。在小小的发现和偶遇中体会其中乐趣，从一早就带着愉快的心情。人上了年纪以后，虽然令人开心快乐的事情并没有减少，但是却越来越难以感受到这份幸福喜悦。这正是大脑开始老化的症状。

因此，将每天遇到的开心、快乐之事，像写日记一样记录下来，且让我们称之为“幸福日记”。所谓幸福日记就是回想一天发生的事，并以文章的形式表达出来。如此一来，写日记就成了关于美好记忆的练习。

除了清晨散步之外，积极寻找每天生活中点滴的幸福，人也变得开朗乐观起来。回看日记，记起自己每天都为幸福感所围绕，又平添一份额外的喜悦与感动。

第3章

健谈的人和寡言的人

大人教孩子和人初次见面时要说诸如“你好”“上午好”之类的话。寒暄是人与人初识时的问候语，如同打开彼此心扉的钥匙一般。要想与头回见面的人亲近，应该学会自己主动上前打招呼，如果一味等着别人主动，到头来可能一个新朋友都交不到。

3.1 交谈都是从打招呼开始的

大人教孩子和人初次见面时要说诸如“你好”“上午好”之类的话。寒暄是人与人初识时的问候语，如同打开

彼此心扉的钥匙一般。要想与头回见面的人亲近，应该学会自己主动上前打招呼，如果一味等着别人主动，到头来可能一个新朋友都交不到。

彬彬有礼、主动问好的人总是受人欢迎的。如果早上出门倒垃圾，和邻居照面时能说声“您早”，对方也肯定会回一句“您早”，这样就可以进一步交谈，拉近彼此间的距离。可不要小看“您早”这简单的两个字在人际交往中的作用。

假如您实在是不善言辞，连开口问声“您早”都觉得唐突为难的话，不如先从向人点头问好做起。初次见面时与人点头问好多少会有些生硬，记得面带微笑，习惯成自然便好了。这样，一句“您早”迟早也会脱口而出的。

要是您能大方自然地和人打招呼说声“您早”，不如再添上一句诸如“今天真是出奇的冷呀”或者“今天天气真不错”之类的话。与任何人谈天气这个话题都不会出问题。

如果之前已经看过天气预报，便可以说“今天午后有大雨”或者“盛夏时节真是让人热得不得了呀”之类的话。

点头问好或者说“您早”之后，可以接着前面的对话，随意聊聊天气的话题。“原来午后会下雨呀！那么洗好衣服就不能拿出去晒了，在家里晾干吧。幸好有您知会我，谢谢啦。”“这天气真热，家里的空调还不能用，真愁人！”

对方一准会说：“空调坏了吗？真不巧呀！”

“这样呀，那家里还有电扇之类的吗？屋子里一定热得跟蒸桑拿似的吧。”

“这可真是让人头疼，我家里有台不用的电扇，如果需要您就先拿去用吧！”

像这样，两人的谈话就如同投球游戏一般你来我往，自然而然地聊下去了。

大家一定都有这样的体会：骑自行车时，刚开始要使劲蹬几下踏板，车一旦动起来就自然轻松多了。与人交谈也是同样的道理，只要主动开口问好，迈出第一步，之后的交流往往出乎意料地顺利流畅。

那么，从一声“您早”开始主动与人交流，勇敢迈出第一步吧！

3.2 学会恰如其分地介绍自己

一个人的晚年还有一件乐事，便是参加兴趣俱乐部。各类兴趣俱乐部不胜枚举，有学习计算机和英语会话的组织，有乒乓球、长走等运动的健身团体，也有发挥余热与特长、投身社会公益事业的组织。

参加兴趣俱乐部能结识新朋友，分享彼此的人生经历。对于从前一直在职场打拼的人来说，这或许是一个从未涉足的新大陆。拿出勇气，迈出第一步吧！试着放松心情与人交流，无需给自己压力，如果话不投机也不必勉强自己。

自我介绍是结识新朋友的必经礼节。参加兴趣俱乐部免不了要介绍自己，不必太过郑重其事，只需做个简单的自我介绍。从前在竞争激烈的商场上拼搏的商界精英，如果抱着“一鸣惊人宣传自己”“一定要给人留下最佳印象”

的想法卖力表现，可能反而会弄巧成拙。

例如，“我叫某某，曾经就职于某公司，担任伦敦分公司总经理一职，手下管理过上百名员工，现在退休在家。请大家多多关照。”像这样得意地晒自己过去的辉煌历史，旁人听在耳中可能觉得很不是滋味儿。也有人会这样介绍自己：“初次见面，我叫某某。以前从事IT行业，关于计算机的一切都难不倒我。如果有什么不懂的，可以请教我。”像这般唐突地炫耀所长，也不是明智之举。

提起那位商界精英，可能别人就会在心里想“那个很能干的家伙”或者“自以为高人一等的讨厌鬼”。因此，自我介绍时注意不要用高高在上的口吻来讲话。

最好态度谦逊、语气诚恳。比如：“我叫某某，很高兴能成为俱乐部的一员。请大家多多关照。”像这样恰如其分地自我介绍，表明自己“希望成为大家中的一分子”，是再好不过的了。

“初次见面，我叫某某。虽说一直喜欢手绘信㊀，却是生平头一遭拿起画笔。请大家多多指点。”这样介绍自己，听着也不错。

㊀手绘信也叫画信，是在信纸、明信片上手绘图案传情达意的一种日本民间艺术。

人都各有所长。在集体活动中，每个人的才能自然会显露出来。各人有怎样的特长和经历，到时候周围人自然会知晓，所以不必自己特意说出口。

“某先生很有本事，从前是家大企业驻海外分公司的总经理呢！”

“某先生是个计算机达人，没见谁有那么好的技术，修计算机可利索了！”

比起自吹自擂，倒不如让周围的人引荐夸奖来得更好。正所谓：“雄鹰藏其爪，真人不露相。”只要态度谦逊、说话真诚，自我介绍并不难。

3.3 切忌对朋友连珠炮式发问

一个人的晚年自然少不了趣味相投的朋友相伴。朋友的多少因人而异，如果可以的话，应该是朋友越多越快乐吧。

或许有人会说：“应酬朋友多累人呀，知心好友一个足矣。”确实，如果交友广泛往往难以深入了解彼此，只能成为泛泛之交。但正因为朋友众多，无论参与什么活动，总能有兴趣相同、共同奋进的朋友相伴，乐趣横生。

与新朋友交往，最为关键的是初次见面时给对方留下的印象。无论谁都不会仅凭一面之交就成为知心好友，总是在交流中逐渐增进了解，发觉“和这个人很聊得来”“一起相处很有乐子”之后，根据各人对朋友评价的标准，一旦这个人分数合格，就从点头之交变成知心好友。

从初识到交心的过程中，交换彼此的个人信息不可或缺。不少人总想尽快地了解对方的一切，于是接连发问："您是哪里人呀？""哪一年出生的？""家里人怎么样了？""以前做什么工作的？"等。即使迫切渴望与人交朋友，也不要向对方提太多问题，让对方主动提起来会更好一些。

最重要的是要注意提问的技巧，让对方感到你愿意做个倾听者来聆听他的故事，而不是频繁发问的调查员。

3.4 提些能打开话匣子的问题

“您现在一个人住吗？”

“有没有参加兴趣俱乐部呢？”

“您是从东京来的吗？”

像这类问题全都是以“是”或者“不是”来回答的，没法打开别人的话匣子，因此对话很容易中断。那么，来看看下面的提问方式如何。

“您好，请问您现在和谁住在一起呢？”

“您的兴趣爱好是什么？”

“您是哪里人呀？”

像这样提些开放性的问题，对方便能根据自己的想法畅所欲言了。

“三年前老伴去世了，所以现在一个人生活。”

“我的爱好是盆栽、书法和唱卡拉OK。”

“家乡在青森县五所川原市，大作家太宰治的故居就在那附近。”

这下子便一目了然了吧，这就是在人际交流中打开话匣子的提问技巧。

对方用自己的话回答提问，接着就聊开了。总之，对话时最重要的是要让人想继续聊下去。让对方敞开心扉畅所欲言，并不是像心理咨询师那样的专业人士才有的技巧。实际上，谁都能营造出一个“让对方有话想说”的氛围，秘诀就是在交谈时适时重复对方所说的话。

比方说，下面的对话就非常出色。

“您是哪里人呀？”

“青森县的五所川原市，大作家太宰治的故居就在那附近。”

“哦，太宰治的故居是在青森县的五所川原市附近啊！”

“不错，太宰治的故居从前是家旅店。”

“咦？从前竟然是家旅店呀！”

“现在已经改成太宰治纪念馆，有不少书迷来参观呢。”

“这么说来，我也想去纪念馆参观了。”

说话的时候加上“哦”“咦”之类的感叹词，能更好地把自己的情感传递给对方。为什么会这样呢？

任何人都渴望被人认可，希望别人认同自己。与此同时，心中为“如果不被人认同该怎么办才好”的想法而感到不安。

因此，与人交谈时，对方对自己的话毫无反应，便会认为“对方不认可我”，而失去信心。与此相反，如果说话时对方听得津津有味、随声附和，自己的情绪也会被调动起来，觉得对方希望“让我再多说些，还想多了解些关于自己的事情”。

单单接话茬，对方的话只听进一半也能对付过去。但是如果要重复对方的话，不全神贯注地认真聆听便不可能办到。因此，重复话语可以告诉对方“我在认真地听你讲话”，让对方感到被尊重。“交谈时适时重复对方的话语”，这个技巧对任何人都适用。

3.5 边听边聊气氛会更好

常有人说："我不善于交谈，不管和谁聊天，都不太接得上话。"他们中几乎大多数人都认为"自己不善言谈所以才接不下话茬""自己的说话方式有问题，所以才会卡壳冷场"，原因可能并非如此。

以曾做过营业员的A先生为例。A先生十分健谈，绝不是不善言辞的人，但是到了新的环境，却怎么也没法和俱乐部的同伴们聊到一起。A先生总认为这是因为自己的话题不合同伴们的兴趣，于是努力收罗各种大家可能感兴趣的话题。但即便如此，他还是和同伴们聊不起来。这其中果真是另有原因。先来听听A先生和俱乐部同伴们的对话吧！

B："上周，突然非常想见我的乖孙子，一时兴起就开车赶去四国了。为了可爱的孙子再辛苦也值得呀！"

A:“啊，去了四国呀！四国的哪里呢？”

B:“香川县的高松市。”

A:“一提到高松就不得不提那里的乌冬面呀！以前因为工作的关系常去高松。每次去那出差的时候，一定会来上一大碗乌冬面。”

B:“这样啊。”

A:“B先生，你比较喜欢乌冬冷面还是热乌冬面呀？”

B:“都无所谓……”

A:“我对乌冬冷面情有独钟，尤其是香川的乌冬面，最有嚼劲了！”

B:“哦，是嘛……”

A:“除了这个，我对乌冬面也没什么讲究的。”

B:“不好意思，刚想起有点事，咱们下次再聊吧。”

看了上面这段对话，明眼人都知道为什么A先生和同伴们聊不下去了吧。原因显而易见，A先生没有用心听明白B先生的话。

B先生打开始就说大老远地赶去四国就是为了见孙子一面，从这里能听得出B先生想聊的是让他无论如何都想见上一面的乖孙子，而不是什么乌冬面。

A先生无视了B先生这份爱孙子的心情，自己另外起了个毫不相关的话题，B先生听了当然会觉得“这个人根本没有在听我说话”。

其实，聊天同玩接球游戏一样。接球游戏的基本常识就是稳稳地接住对方投来的球，之后再准确地投还给对方。也就是说，清楚明白地领悟之后，根据对方想说的和想传达的内容，给出相应的反馈，这便是接话游戏的制胜秘诀。

无论同谁聊天，如果想与人深入交流下去，就要首先学会侧耳倾听对方的话，这样才能与对方顺畅地交谈下去。不如试着这样想一想：上回对方认真听我述说，所以这次轮到我认真听对方讲话了。

不管健谈或者寡言，等待恰当的时机再开口，聊天就是这样你来我往的接球游戏。

3.6 避免谈及宗教、政治、疾病和家庭

对话中途冷场，没法进行下去的原因可能是一方选错了话题。NG[㊀]话题因人而异，对于尚且不太熟悉的人，最好避免选择以下这些敏感话题。

第一，有关宗教和政治的话题。

这个话题与每个人的思想和生活方式相关，不太好应对。此外，清楚地表明价值观可能容易出现观点对立。假如此类话题是由对方提起的，最明智的做法就是尝试不着痕迹地转移话题。

㊀ NG的全称是NOGOOD（不好），电影拍摄过程中经常听到导演喊NG，就是说不好，需要重拍。这里是指交谈时话题选得“NOGOOD”，出现停顿冷场的情况。

第二，有关疾病的话题。

上了年纪的人，身体也大不如前，不论是谁总会有些小病小痛。聊这些虽说是出于好心，但也不太让人感到愉快，更何况明明不是医生，却给人提些毫无根据的建议，告诉对方“得了……的话，最忌……”。不少人遇到和自己同病相怜的朋友时，就会拿出自己的小偏方传授给对方，比如“胃溃疡的病人最好是……，我就是这么养好的”之类。要知道即使患的病症相同，医治方法也是因人而异的。还有不少人并不愿意让别人知道自己生病的事情，所以最好还是不要絮叨这个话题。

第三，关于家庭和家人的话题。

初识时，问起对方“您是哪里人”是稀松平常的事情。但是如果贸然地问“您家住在哪个小区”，就是有些唐突越界了。对方听了可能会戒备起来：“问这些做什么，是要搬家了吗？”如果非要问，也至少换种问法，避免太过直接，比如，“您平时都坐地铁几号线呀？”“离家最近的车站是哪站？”限于这种程度就差不多了。

关于家庭状况的问题也是一样。因为某些原因，老人晚年不和儿女同住、独自一人生活的情况并不在少数。如果有亲近的家人，与对方相处久了自然会知道，又何必急着问呢？

3.7 放松心情，享受“冷场”

在和别人聊天的时候，有没有遇到过突然沉默的“冷场”情况呢？这时该怎么应对呢？

· 随便找个话题，打破冷场的局面。

· 在找到新话题前就这么一言不发地等着。

您更倾向于以哪种方式行事呢？

其实这两个选项无所谓对错。像前者那样耐不住沉默，急不可待地要找下个话题，反而会让对方觉得十分不安。与人交流并不需要自始至终保持同样的节奏。有时候对话的语速节奏会很快，有时候因为要选择用词，就会放慢语速。当一个话题告一段落，稍事休息也是自然而然的事情，好比在长途跋涉之后，任谁都有需要歇脚休息的时候。而正是因为有了中途的停靠休整，才能积蓄继续前进的力量。何不把心情放松些，悠闲地享受交流的乐趣呢？

同好朋友在一起，如果突然没人接话、鸦雀无声的时候，眼睛可以望望外面，悠然地调整呼吸。自己的呼吸节奏也会影响朋友的节奏，听起来是不是很不可思议呢？如果因为中途“冷场”心情便焦急不安，想着：“哎！找不到话说怎么办，怎么办？”这样焦虑的情绪也会影响别人，搞得对方也没法放松心情好好休息。

事实上，能与你一同短暂停顿、享受沉默的朋友，相处起来往往也比较轻松惬意。最好的证明就是和家人在一起的时候，虽然常有沉默的情况，却不会因此让人觉得焦虑不安。

“冷场”的情况时有发生，如果想明白这是为了酝酿接下去的对话休息片刻，心里就没什么可着急的了。就算真找不到聊天话题也并不是自己的错，试着放松心情，吸一口新鲜空气，大脑也随之活跃起来，这下还愁找不到一个新话题吗？

3.8 为人处世更直爽些

每个人的喜好不尽相同，但是一般说来，和性格直爽的人在一起会比较开心。说到直爽，你的脑海中会浮现出怎样一个印象呢？直爽在字典里是指性格爽快，容易亲近，举止轻松的样子，用来形容一个人，比如，和谁都能轻松交谈，时常面带笑容。关于直爽的人大概就是这么个印象。

假如你原本就十分爱与人聊天，也许为人直爽些会更好。然而要让老实木讷的人突然变得直来直去也不太现实，长久以来形成的个性虽然没法来个360度大转变，但是吸收些许直爽的性格却是任谁都可以做到的。

比如说，性格直爽的人的一个特点就是善于表达自己的情感。虽说是要表露自己的感情，却不是要表现出激动万分、号啕大哭或长吁短叹这样大起大落的情绪，而是将生活中体会到的细微情感坦率地表达出来。

上周去吃鳗鱼，明明点的是道普通鳗鱼，端上来的却是特制烤鳗鱼，于是问：“是不是上错菜了呀？”店家却说：“这是我们店里的疏忽，为了表示歉意，请您享用。”能遇到这样的好事儿，一整天都觉得好幸福呀！

有一回，一早出门在外忙活了一整天，晚上回家洗澡照镜子的时候，才发现自己的毛衣前后穿反了，自己也一直没察觉，真是想来就让人觉得不好意思。

像这样，把生活中开心的、尴尬的事情坦率地讲出来与朋友分享，不是让人觉得分外亲切可爱吗？男性可能会觉得“这些小事不值一提”，但这样的闲聊却能调剂每天单调的生活，平添一份乐趣。

3.9 选择积极的人生态度

正如阳光灿烂的地方花草自然枝繁叶茂一般，开朗的人周围自然会聚集许多人。这是因为和开朗的人在一起，自己也会变得同样开朗向上。

反之，总爱抱怨、态度消极的人大多孤单。

“一个人真是冷清，每天能等来的只有新的一天。”

“哎！真不想变老，眼睛不好使，腰也老疼。”

“虽说好死不如赖活着，但是上了年纪真是悲哀呀！”

每天耳边总是这样的抱怨牢骚，怎么不让人心情郁闷呢？所以，遇到爱发牢骚的人，大家自然会躲得远远的。虽不至于说那么消极的话，但是从一个人待人接物的细节就能看出这个人究竟是“晴天”还是“阴天”。比如，谈及个人仪表的时候，“要是发型乱糟糟的就出门的话，一整天的心情都不会好”和“发型整理得清爽干净，一整天的心情都好极了”，这两种说法的意思其实一样，但字里行间给人的感觉却截然不同。

前者用的是否定的语气，后者则是肯定的语气。不管谈论的内容是什么，使用否定语气通常容易让人感觉态度消极。“只差一步”和“还有一步”相较之下，两者在态度上的差异显而易见。这两种说法都表示尚没有到达终点，“只差一步”是加油鼓劲儿，传达给人一种积极向上的态度，而“还有一步”的潜台词却是“怎么还没到呀”，给人一种消极的感觉。

稍加留意就会发现，日常生活中说话语气消极的情况并不在少数。因此，要有意识地用积极阳光的表达方式。

3.10 高高在上不讨人喜欢

人总是本能地想要有高人一等的优越感，并且不知不觉地就会从一言一行中流露出来。

虽说佯装得高人一等是人在强者面前出于自保的本能，但如果常抱着高高在上的傲慢态度，就容易惹人讨厌了。

以C先生和D先生的对话为例，让我们来看一下。

C:“我最近也像D先生那样，开始学用计算机了。”

D:“是嘛，计算机玩起来很有意思吧。”

C:“不瞒您说，我用的那台还是孙子那里淘汰的旧计算机。”

D:“也不错嘛，那你学的是哪门计算机技术？”

C:“也没什么时间特地去上计算机班，就买了本入门书试着自学计算机。”

D:“啊？难道从前都没有碰过计算机吗？”

C:“恩，还是个新手呢。”

D:“真是难以置信，这样能自学计算机真是了不起呀，我可是要甘拜下风了。”

C:“自学是不是很难呀？”

D:“怎么说呢，我是在学校跟老师学的计算机，像C先生这样的聪明人，一定能无师自通的。”

虽然D先生说话彬彬有礼，但诸位一定和C先生有一样的感觉，D先生自以为高人一等、心高气傲，字里行间隐含着怀疑：“C先生这样能行吗？”

可是说不定D先生心里却想着“能用上孙子给的计算机，真让人羡慕”“C先生能自学计算机，比起要去学校学计算机的自己强多了”，或担心如果自己讲话的时候表现得一无所知，被C先生瞧不起就糟了。然而，上面那样高高在上的说话态度只会让人心生厌恶，而不会令人真心佩服，甚至从此被贴上“挑剔难处”的标签，很难再交到新朋友。

不管什么场合，居高临下地指手画脚总归是不讨人喜欢的。因此，如果真心想与人交朋友，就要从放下“事事不输人”的竞争意识做起。

3.11 提建议前先认真聆听

只要稍加了解，就会发现人各有各的烦恼。尤其是上了年纪的人，因为体质变弱，许多事情都没法自己做了，各种烦心事也接二连三地冒出来。如果总是认为只有自己的烦恼不断，把抱怨挂在嘴边就不太好了。

遇到别人吐苦水、发牢骚的时候，每个人的应对方式也各不相同，大致有以下两种类型：第一类人会想尽办法解决问题，给对方提供建议；第二类人则会做个耐心的倾听者。相比之下，似乎给予建议的前者更加值得信赖与依靠。

实际上，第二类耐心的倾听者更加受人欢迎。比如，有人抱怨俱乐部的人际关系，向朋友吐苦水："为什么某先生跟我就是相处不好呢？真烦心！"

遇到这种情况是该回应"烦心也没办法呀！那种人就

是那样，别管了”还是“某先生的确不好处，所以不必在意”？该怎么回应更好一些呢？对方听了自己的话就能马上解决问题吗？当然不可能。

正是因为没法不在意，才特地和朋友发牢骚抱怨，如果真能立马把心事放下的话，一早就放下了。

此外，也有人尽说些连当事人都不好说的狠话，比如像这样说：“如果讨厌对方的话，不如把话挑明不是更好吗？不说对方怎么知道。”“别抱怨了，还不如直接问对方到底看不惯哪里。”本来应该帮当事人分担烦恼、排忧解难，却显得比当事人更加愤愤不平，反而让人轻松不起来，越听越有压力。

为朋友着想而给出一些建议固然重要，但是必须先听明白对方的意思。有烦恼的人大多希望有人倾听自己诉诉苦，了解自己的心情。如果真能设身处地感受对方的难处，再给些解决问题的建议也不迟。

“真搞不懂为什么某某先生老对我黑着张脸呢？”

“这样啊，看来很在意这事儿呀。”

“之前在俱乐部是玩得挺好，今天这样搞得我心情特别糟。”

“原来如此，有烦心事的时候心情都轻松不起来吧，任谁都一样。”

“所以今天想给自己放一天假休息一下。”

“恩。可能过些时间就好了。”

听起来或许不可思议，人一般发完牢骚后心情也会变好，也比较能听得进劝，这时说句：“虽说称不上什么金玉良言，可以的话，能听我一句劝吗？”能有这么一个真心待自己的好朋友，当事人听了也会由衷地感到欣慰。

3.12 交谈时配合对方的节奏

愉快对话的关键在于有来有往。如果只是自己一个劲儿地滔滔不绝，对方却少言寡语，心里肯定会不安地想："真的在听我说话吗？我说的东西很无聊吗？"

相反，要是根据聊天的内容时不时地问几句："这样该怎么办呢？""后来怎么样了？"对方就会觉得是在认真聆听自己，对自己的话很感兴趣。但是提问也要适可而止。

举个例子，来看看接下来这个对话是不是恰如其分。

"现在这个季节最好了，真想出门旅游。"

"这想法不错，那么想去哪里呢？"

"我在考虑东北。"

"东北的哪里呢？青森、秋田还是岩手？"

"这个嘛，我还是对岩手比较感兴趣。"

“旅行打算坐飞机还是新干线呢？一个人旅行还是和朋友结伴同行？”

像这样接二连三地提问，就没法轻松悠闲地畅聊了。

特别当对方刚好不善言辞的时候，急着附和接话、问这问那的，让人感觉好像被催着赶快说似的，渐渐地便提不起聊天的兴趣，没什么想说的了。

遇到对方不善言谈的时候，要试着配合对方的语速。

“哦……这样啊”或者“啊……这个我倒是不知道”，说话时像这样尽可能地语调从容。

有这么一个说法：听人说话的时候，要看着对方的眼睛。但遇到对方不善表达时，如果听人说话时将身体靠过去，注视着对方的眼睛，反而容易让人一下子紧张起来。双方保持一定的距离，视线稍微分散向外，这样会让人觉得更加轻松自在。

人一旦上了年纪，说话都多少会有些口齿不清、表意不明。因此，不管是自己说话还是听人说话的时候，都要注意保持悠闲从容的心态。

3.13 说声“谢谢”或许更好

谦虚礼貌是日本人的特质，尤其在银色年华的老年人身上，这一特质就更为明显了。无论何时何地，甚至收

到礼物的时候，他们都会“这真是不好意思”“对不起，让您破费了”“哎呀，真是过意不去”如此这般，经常地道歉。

欧美人常常觉得很费解：“收到礼物的时候为什么要跟人道歉呢？”如果不是日本人，可能还真没法儿明白这种感情表达的方式。但是太过客套未必是件好事，比方说，年轻人热心帮忙提个行李，在火车上帮忙把包裹抬到行李架上。而老年人受人帮忙照顾之后，就一直说“不好意思”“给您添麻烦了”“对不起啦”，像这样频繁道歉，年轻人听了反而觉得不安，心想这么做是不是让老人家心里不好受了。

如今年轻一代，并不认同这样的谦虚礼貌，反而和欧美人一样，觉得不理解。

爷爷奶奶这一辈如果用“谢谢您，真是帮了我大忙”“多谢您了”来表达谢意，年轻人可能更能感到“老人家很开心有人帮忙”“果然应该出手相助”。

对于年轻人来说，说出“需要我来帮您一把吗？”“有什么可以帮您的吗？”这样的话也是需要相当的勇气。年轻人鼓起勇气向长辈表达自己的敬意，一心希望老人家能欣然接受，这份心意实在难得。何不在受人照顾的时候，加上一句谢谢，鼓励一下这些年轻人呢？

当然，这并不是说“对不起”“给您添麻烦了”“过意不去”这样的用语不好，只是一句简单的谢谢更能向年轻人传达自己的感激之情。

3.14 难以开口的事情怎么说

大家有没有这样的经验：和朋友结伴游玩的时候，时常会一起聚餐，这时没带零钱的话，由别人垫付餐费，之后却把这事给忘了。或者交会费或停车费的时候，恰巧没带够钱就向人借，却至今还没还。

如果金额是上百块，还会记着“马上就还”，而遇到小钱的时候，稍一不留神就忘了。但不管是一元也好一百元也好，亲兄弟明算账，如果不及时还钱，就容易给人留下“借钱不还，懒懒散散”的印象。

所以，向人借钱后，最好马上找张便签记下欠款金额放在钱包里，这样就不会忘记还钱了。在饭店的话，可以借纸笔来记一下。有手机的人可以用里面的备忘录或者日程表记下来，以防自己忘记。

如果自己是借人钱的一方，别人忘了还钱，借款的金额大还比较好办，可以直接跟人说请还钱。但是如果只是几个小钱，就会有这样的顾虑:“这样的小钱还催着人要，一定会被当作小气鬼。”担心因此被当成守财奴，不好开口催人还钱。其实借钱不还的原因如果只是忘了借钱这件事，最好的方法就是恰当地提醒对方。假如憋着不说，反而会影响彼此间的关系。

“上个月，您在某某饭店里借了我120日元还没有还。”

“之前帮您垫付的500日元会费什么时候还呢？”

这些说法似乎都不太合适吧，言下之意好像是“为什么不还钱？难道想赖账不成？”听着让人觉得不太舒服。

遇到这种难以开口的情况，就要注意措辞。

向对方表明自己了解他并不是故意拖着不还。

“您大概忘了吧，之前在俱乐部一起吃饭的时候借了××日元，哪天方便的时候，记得还哦。”

“还记不记得我给您垫付了某某会的参加费用××日元。”

像这样说话比起之前那种催着还钱的口吻，是不是听起来舒服多了呢？

另外，在讲关于还钱的时候，要注意明确说清借款的时间、原因以及金额。如果只是含含糊糊地提到“之前跟我借的钱还没还”，不少人听了虽然嘴上应声，心里却奇怪："咦？这是什么时候的事情？借了多少呀？"如果钱数不多很容易忘记，应清楚地说明借款的金额，省得对方费劲地回想。

提醒人还钱的时候，如果担心让对方尴尬，不如加上一句："真不好意思，本来钱数就不多，但是因为这些小钱影响咱俩的关系就不值得了。"

3.15 试试和同辈人搭话

常听从职场上退下来的男性这么说："从公司退休之后，似乎就没什么朋友了。"事实果真如此吗？的确，退

休之后离开公司，在家每天必做的功课变成了看电视，甚至很少有机会开口和人交流，自然也没法拓展人际关系了。但是出门去附近买东西、在家门口倒垃圾的时候，常会遇到些新面孔。只要不是隐居山林，一走出家门，就会有许多机会结识朋友。

比如，坐在长椅上等公交车的时候，有个同辈人坐在旁边的位置上。如果贸然上去跟人搭讪可能觉得有些唐突，但是，等了很久公交车还迟迟不来，这时说句："怎么还没来呀，本来 × × 分就应该到站了。"对方也许就会回答说："是呀，现在的交通可真堵。"

要是赶时间的话，还可以问对方："没法子了，还是坐出租车吧。方便的话，一起搭车如何？"对方可能会说："刚好我也赶时间，一个人打车还有点舍不得，两个人就打个出租车吧。"

在出租车上大可以接着聊，说不准一趟车搭下来便交到了一个好朋友。人与人的相遇就是像这样一个又一个偶然的奇妙叠加。假如没有人来打破沉默，便会一直形同陌路。语言能让人结缘，牵绊彼此。人与人相识的方式多种多样，虽然是临时起意，偶遇又何尝不是一种交朋友的方式呢？如果能鼓起勇气，迈出最初的一步，一定会有奇妙的相遇。

第4章

不做烦人长辈的16条秘诀

简单地介绍自己，可能会更受欢迎。老是絮叨自己辉煌历史的人往往不太招人喜欢。此外，最好不要随意打探对方的学历、职业经历以及家事等。喜欢打探别人私事的人往往也喜欢谈论自己的私事，这么做会让旁人很为难。

4.1 好汉不提当年勇

在当地社团和市民中心集会介绍自己的时候，不少人喜欢提两句自己的辉煌经历，比如“以前是某某公司的部

长”之类的话，让听的人摸不着头脑。这样不管是出于自我炫耀还是期待受人尊敬，都颇有高人一等的意思，旁人听了自然没什么好感。

这种场合还不如简单说句“三年前退休，现在悠闲一个人”，这么说也能比较清楚地说明自己的现状。像这样平实地介绍自己，可能会更受欢迎。老是絮叨自己辉煌历史的人往往不太招人喜欢。当事人可能会认为自己这么说不是因为炫耀，而只是为了让别人更好地了解自己罢了。那么，何不试着让别人了解自己当下的生活，而不是停留在遥远的过去。所以说，自我介绍的时候，不要特意提起自己过去的辉煌。

此外，最好不要随意打探对方的学历、职业经历以及家事等。喜欢打探别人私事的人往往也喜欢谈论自己的私事，这么做会让旁人很为难。期待将别人与自己对比，从中体会些许的优越感，这样的人怎么能招人喜欢呢？况且，现在大家都只是退休的中老年人，用不着凭学历、职业来衡量个人价值，适当地了解一下就可以了。

沉浸在自己的光辉岁月，一个劲儿地炫耀自己的过去，认为这样就算是对人敞开心扉了，因此要求别人也把私事全盘托出，不用说也知道这样做有多不合适——无非只是想把对方作为比较对象，凸显出自己的优势地位罢了。如果这点心思早就被人看穿，只是自己浑然不觉，岂不是让人看笑话了？

如果除了在职时的事情便无话可谈了，那真是太悲哀了。毕竟人是活在当下，而不是活在过去的。何不抛下过去，给自己一个崭新的开始呢？

另外，如果当事人自己不主动提起，就绝对不要和其他人絮叨朋友过去的经历。

4.2 不要开口闭口尽是孩子

人一旦上了年纪，生活圈子往往容易变得狭窄起来，是不是常常满嘴都是孩子们长孩子们短的，还随身带着儿女和孙儿们的照片时不时地拿出来看看？

自己家的儿孙总是最招人喜欢，关于儿孙的话题也总是百说不厌，这样自然是没什么错。但是万事都有个度，一旦过了头，就会让周围听的人厌烦起来，唯恐避之不及。因此，要注意不要尽夸奖自家的孩子，就算自家的儿孙们真的是相当优秀，也没什么了不起的。

另一方面，打听别人的家务事也是要忌讳的。人的一生会经历坎坷磨难，或许对方从前离婚，连看一眼孩子和孙儿的机会都没有，又或许不幸地失去了至亲。

当你满脸笑容地谈着自己的孙儿，对方赔着笑脸，心里忆起不堪回首的往事，这何尝不是一种深深的伤害呢？

所以，最明智的做法是聆听对方愿意与你分享的故事，其余的一概不问。

如果除了儿孙们就没什么话题好聊的，可以试着稍微开阔自己的眼界，无论是从电视节目上还是从书本中，努力找寻各种有趣的话题。话题多姿多彩、见识广博的人自然会受人欢迎。

T先生在手绘信俱乐部结识了G先生，因为两个人的孙子年龄相差无几，所以一碰上就孙子长孙子短地相聊甚欢。实际上，也就是两个人各自炫耀自己的孙子，这可能也只有当事人没察觉到。

等到孙子大学入学的时候，G先生倒是什么也没提起。后来才知道，原来G先生的孙子考上的大学的排名远不如T先生的孙子的大学。T先生这才恍然大悟，转念一想又觉得G先生自己实在太想不开了，毕竟都这把年纪了，还拿孙子比来比去，这是较个什么劲呀？

退休以后除了谈论儿孙的事情，也应该要有其他的乐趣。

4.3 舍弃职场习惯，入乡随俗

退休后没有上司、下属和竞争对手，可以从在职时的人际关系的牵绊中解放出来，过上无拘无束的晚年生活。如今再也不必同他人竞争，能够根据自己的步调，悠闲自在地享受晚年的美好时光。

然而，不少从前的职场精英却依然身体力行、恪守着在职时的规矩。无意中表露出高人一等的眼神，或者遵循职场的习惯负责结账，这样都不讨人喜欢。

需要记住的一点是，无论从前在社会上的地位有多高，到了参加当地社团活动和兴趣俱乐部的时候，先加入的人就是前辈，而你不过是个初来乍到的新人。

比方说，在从前卖力工作的人看来，社团和俱乐部可能运作效率低下，即便如此，也要知道一个地方有一个地方的办事风格。和公司不同，社团和俱乐部它们有自己的规矩，没有必要争强好胜。要懂得入乡随俗，出了公司就不需要再按照公司的规矩来做事。

另外，不少男性可能固守着这样的老观念：“男人做领导，女人当助手。”这种想法最好赶紧抛弃。

新人就要有新人的样儿，老老实实地按当地的规矩办事。就算在职时身为经理，精通法律、计算机，也不要在一开始就自作主张。只在必要的时候才提出自己的看法，方案被采用以后，被要求协助时再表现岂不是更好？

平日里炫耀自己的才能，自会招人嫌恶；等到对方要求的时候再表现出真正的价值，让人觉得你值得信赖、依靠。能力只有在和需求相契合的时候，才能得到客观公正的评价。曾在职场上有过切身经历的人不正应该最清楚这一点吗？

老年人的人生阅历丰富，更应该明白在不同的场合要遵循相应的规则和观念这一道理，不能按照将棋的游戏规则来玩国际象棋。如果能将这个道理铭记在心，无论在当地社团还是兴趣俱乐部，都能如鱼得水般过得快活。

4.4 分开付账，实行AA制

俗话说：亲兄弟明算账。如果想要朋友间的友情长长久久，彼此最好不要有金钱上的瓜葛。

虽说借给朋友的钱就没打算要回来，但心里总归期待别人还钱的吧！借钱给朋友，朋友却迟迟不还。虽然希望着朋友还钱，但也不会为了一点钱和朋友计较、伤了和气，不过一旦朋友间发生了什么不愉快，就会觉得“那个人借钱不还，没有金钱观念，这样的朋友不要也罢”。

所以说，朋友间最好还是不要有金钱往来。尽管这么说，没有零钱时垫付的情况总是会有的。不得不和别人借钱的时候，就算是一点小钱也要尽早还给别人，坚持这个原则雷打不动。

需要注意，付账请客不算作是金钱往来。

女性朋友聚会的时候，费用往往是AA制均摊，就算是一元钱也算得清清楚楚。但是男性朋友聚会时常常会有人嚷着“我来买单”，然后就开始争着抢着买单，这场面实在不太好看。男性容易沿袭职场上的习惯，把付账请客当作是争取表现的机会。但现如今大家都已经退休了，即使手头宽裕，也没有必要硬是请客付钱，AA制平摊花费才是明智之举。

另外，男女一起参加的活动，男性也不要随意替女性付账。虽说这是出于绅士风度，想给人留下好印象，却容易招来别人不必要的误会。本来出于好意，结果反而出钱不讨好。

朋友间请客也好，借钱也好，都请三思。金钱上清清楚楚，友谊才能天长地久。

4.5 宠物饲养注意多

一个人的晚年，每天都过得自在悠闲、怡然自得，但总会有感到孤单的时候，这也是没办法的事情。无论朋友再多，回家也只是形单影只。这个时候，如果能养只宠物陪在身边排遣一个人的寂寞，那真是莫大的慰藉。如今饲养宠物的人越来越多，在日本，宠物的数量比孩子的数量还多。

宠物确实能慰藉人的心灵，但千万不要光顾着宠爱可爱的宠物而忽视了自己身边的人。

E女士的晚年生活幸福美满，为了给发展中国家的贫困儿童募集慈善捐款，她参加了制作手工艺品的志愿社团。志愿活动每月一次，采用轮流的方式，在各个会员的家中进行手工艺品制作。有一回，遇到喜欢宠物的人来家中赴约参加活动，着实让E女士困扰了一番。

这位女士初次造访E女士家，事先没打声招呼就把宠物一起带了过来，理由是“宝贝一个人在家可怜兮兮的，所以就一起来了”。

因为带过来的是条小型犬，看起来也很乖巧，觉得应该不会惹什么麻烦，所以也就没人出声反对。“不好意思，打扰大家了。”E女士正把点心端到了桌子上招待大家，就在这个时候，原本温顺的小狗突然吠起来，从主人的手上窜了出来。E女士估摸着大概是小狗也想吃点心，于是对着小狗说：“小汪是不是也馋了？请你吃吧！”说着放了一块点心过去。

这时，小狗的主人惊呼道：“不行不行，怎么能吃这个呢？人吃的点心里面盐分太多，小狗不能吃的！”E女士的确不知道有这么回事，但是狗主人的语气让人十分不快。但想想对方比自己年长，又是初次见面，E女士就咽下了这口气。

从开始手工艺制作起，小狗可能因为想要吃点心，一直躲在桌子下面汪汪叫个不停，扰得大家都没法集中精神做手工。但是狗主人一点儿也没有体会到其他会员的情绪，反而一个劲儿地同小狗说："对不起宝贝，只有我一个人在吃，没有东西给你吃，对不起。"E女士和其他会员在一旁都快听不下去了，想着赶紧把小狗牵回家吧。这时，狗主人又语出惊人："那就给你吃一小块吧，大家看着宝贝没得吃那么可怜，肯定心情也都不好吧。"一边说着一边回头看看其他人，露出一副不忍心的表情，好像在问："大家也觉得宝贝这样很可怜吧？"

大家都默不作声地看着，E女士心里就想："的确可怜，不懂礼貌的主人才会养出这样的宠物。"在喜欢宠物的人家里，像这样让人看不下去、听不下去的情况不在少数。

I先生也遇到过类似的情况。去朋友家做客吃饭的时候，朋友家的爱犬直接爬上桌子，从主人的碗里吃东西，看得I先生再也没了胃口。

喜欢宠物的人总是觉得那么可爱的小动物人见人爱，周围的朋友们一定也都是喜欢宠物的，认为世上的人不是喜欢猫就肯定是喜欢狗。要是遇到不喜欢宠物的人，就认定“连可爱的小动物都不喜欢的人，心肠一定很冷”。

同样喜欢宠物的人或许还可以理解忍受，但在一般人看来可能会觉得匪夷所思。因此，饲养宠物时要注意时间和场合，遵守礼仪常规。

这世上也有许多人不喜欢和小猫小狗之类的宠物打交道，这可能是因为小时候被狗咬过，或者对猫毛过敏，而不是因为心肠不好。虽然按常理说小动物人见人爱，但也要考虑到例外情况。

此外，上了年纪的人想养宠物的话就要考虑到宠物的寿命。作为尽责的主人应该好好照顾爱宠直到它离去。猫和狗的寿命大约是十多年，假如想养条狗，那么，不妨根据现在的年龄，考虑一下再过几年自己能不能带着它出门散步。千万不要因为一时的寂寞或者喜爱就草草决定养宠物。

4.6 保持清洁，防止“老人味”

晚年自己一个人过的时候，有没有发生过从早到晚穿着睡衣度过一整天的情况呢?

最近，连睡衣都懒得换，裹着个浴巾或者穿个毛衣就上床睡觉的人也越来越多。不只是老年人，年轻人也是如此。如果是去离家不远的超市或者便利店，衣服也不换一件就这么出门了。

就算是这样邋遢地过活也没有人来管，这就是晚年一个人生活的可怕之处。晚年生活少了旁人注视的紧张感，随心所欲地生活着，久而久之便养成了这样的坏习惯，生活也变得一团乱了。要是这样，不就没法享受晚年的美好时光了吗?

所以，即使一个人生活也要遵守礼仪，否则就糟糕了。比方说，到大街上倒垃圾的时候，到附近超市买东西的时候，都要注意保持让人觉得整齐大方的形象。

一个人的晚年没人来检查监督自己，只有靠自我监督。因此，在家中安置一面全身镜是十分有必要的。最好把镜子安放在每天经常来回走动会看到的地方，特别是厨房、走廊、卧室或者厕所附近。这样，每次从镜子前走过的时候，按照在职时的着装要求，检查一下自己的衣服穿得整不整齐，仪态大不大方。

检查日常着装的要点，第一是干净，第二是看起来不邋遢、打扮得不寒碜。

首先，来审视一下全身：

（1）每天都洗澡吗？

（2）早上起来洗脸刷牙了吗？

（3）男性的话，刮胡子了吗？

（4）发型梳得整齐吗？

（5）有没有驼着背？

然后，检查下衣着外形：

（1）穿的衣服有没有洗干净？

（2）衣服是不是皱巴巴的？

（3）纽扣有没有扣好，衣物上有没有破洞，橡皮筋有没有老化变松？

以上这些只是最低标准。抱着积极的心态，渐渐学会打扮自己，这样一来，人也变得朝气蓬勃、开朗向上起来。

最后，不能忘记检查的就是身上的味道。防止“老人味”，注意自己身上的气味也是必要的礼节。气味检查起来有难度，因为没法用镜子来检视，自己不注意的话也很难察觉，周围的人就更别说了。但是只要近距离接触就能察觉到，只有嗅觉迟钝或者粗枝大叶的人才察觉不到气味。

这里也并不是要推荐大家使用香水或者古龙水，刺鼻的香水味反而会造成反效果。洗涤剂、洗发水或者须后水的清淡香气就足够了。

此外还要注意口臭。老年人口腔的自我净化功能随着年龄的增长逐渐衰退。因此，除了仔细刷牙清洁牙齿，还可以用漱口水或者嚼口香糖来预防口臭。当然，如果是假牙的话也要用心保养才行。

现在，全身上下都检查完毕，趁着神清气爽还不赶紧出门走走？

4.7 聚会游玩要遵守时间

在职时，迟到或许是绝对不允许发生的。说得夸张点，在职场上迟到就相当于社会上犯法。虽然如此，等到了退休之后，许多人稍不注意就会不守时。

心里觉得反正不是公事，只是聚会游玩而已，聚会的人也都不赶时间，如果还要紧赶慢赶地准时到，就太拘束无趣了。都是一大把年纪的人了，为什么不悠闲自然地享受生活呢？但是，可千万不要误把懒散当作悠闲哦。

况且现在大家都有手机，不少人盘算着如果迟到的话，可以很方便地和对方打个电话说声“可能要晚点到”。越是这么想，人就变得越加懒散。

有人算过这么一笔账：“十个人聚会，如果每个人迟到五分钟，不算上自己迟到的那五分钟，一共算下来要浪费四十五分钟的时间。”所以，迟到这种现象就算是退休了也不能有，无论在职与否，有两个人以上的场合就是社会，社会就会有社会最低限度的要求。如果连最低要求都不能做到，那么无法得到社会的认可也就可想而知了。

还有一点，老年男性特别要注意，那就是“性骚扰”。可能不少男性都不太了解究竟什么是“性骚扰”。虽然知道说“女人是伺候人的”这类话是性骚扰，但大多数人都不知道，“某女士可真漂亮，很受男人欢迎吧，有不少男朋友吧”这类话也算是性骚扰。可能男性会奇怪：“为什么？明明是在夸奖人呀。”可是女性会认为：“并不想听到这样的话，受欢迎也好不受欢迎也罢，都与你无关。”

当然，这种行为还没有到要被法律控诉的程度。只是本来是玩笑话或者赞美，本身也不是歧视女性或者想要骚扰女性，结果却被人在私下里说：“那个人嘴巴真坏，讨厌死了！”

人即使上了年纪也是社会中的一分子，因此在生活中要注意遵守社会最低限度的要求——守时。

4.8 没有更好的想法时不提反对意见

和许多人聚会的时候，刚好赶上饭点，有人便会提议说：“一起吃个饭吧！”当大家商量去哪里吃饭的时候，W先生早早就表态说：“我去哪家店都行，听大家的。”

于是有成员推荐说：“旁边就有家炸肉排店，要不去那儿？”这时W先生插话说：“炸肉排很油腻，吃了胃会不舒服吧。”既然W先生不喜欢这家店，那么去别的店吧。有人提议：“既然这样，干脆去吃荞麦面吧！”W先生听了又打岔：“这附近好像没有荞麦面店。”接着大家又商量着：“要不去餐馆吧，大家想吃什么就点什么。”W先生又不同意了：“餐馆的东西不健康，吃了对身体不好。”

“那W先生由你决定去哪家店吧！”

“这个嘛，我也没有想到什么合适的店。”

一直唱反调，搞得大家都拿不定主意，结果W先生又没有什么好的提议，弄得大家不欢而散，还给别人落下个为人挑剔的印象。

W先生或许只是把自己认为对的意见说出来而已，但是旁人却会认为W先生为人挑剔，很难相处。

像例子中决定去哪儿吃饭这样的小事可以暂不深究，但要是在地方社团的运营和俱乐部活动的策划过程中还是这个样子就不好了。

确实，有根据地提出反对意见很重要。但要是没有更好的提案就发表反对意见，反而会给人留下挑剔难处的印象。所以，没有建设性的意见就最好不要在会议上提出反对意见。

本来能对别人的提案表达反对意见，可能会显得头脑机灵，但是如果不能拿出一个更好的方案，反而给人缺乏创造力、没有主见的印象。一味地反对别人的建议，自己又没有更好的提议，弄得现场倒像是进行互相找茬的游戏。

4.9 对闲言碎语不闻不问

没有什么比闲谈更加有趣的了。一开始闲谈的内容都是关于自己的，但是在不知不觉中可能就扯到了某位不在场的人身上，是不是常有这样的情况呢？

喜欢闲话八卦胜过一日三餐的人，不论有几个人都会聚起来闲聊。正所谓人以类聚，既然有喜欢闲话八卦的人，聚在一起说别人闲话的时间自然也会越来越多。

只要稍加注意就会发现，很多闲话八卦都是从“你听说了吗”开始，用“我觉得是这样”结尾的，内容大多含糊、不确定，有不少凭空想象的成分在里面。最后，还容易演变成对别人的恶意中伤。人为什么会这样呢？虽然起初可能是在讲那个人的好，但是聊着聊着就讲到“但听说那个人干过那种事儿”，然后添油加醋地讲别人的负面消息，连那个人的好也都一笔勾销了。其实“背地里讲人坏话”和“嫉妒”可以视作同义词，喜欢说别人闲话的人，往往嫉妒心很重。

因而不光自己不要私下讲人坏话，就算听到别人在讲也不要随便搭腔附和。喜欢背地里讲别人坏话的人私下里一定也不受欢迎，没准儿别人也正数落他的不是呢。即使不开口说别人闲话，在一边当个“忠实听众”也是不对的，这种行为和讲别人坏话一样要不得。

总之，重点是不要谈论不在场的人（谈论名人另当别论）。就算有喜欢闲言碎语的人提起了这类的话题，可以试着巧妙地转移话题，停止这样的对话。此外，如果对方还继续絮叨着这类话题，不如借机离开。

爱闲言碎语的人遇到志趣相投的“听众”就越聊越起劲，但如果遇到“不称职的听众”自然就提不起兴趣讲下去了，说不定就跑去想听的人那里了。因此，当大家闲聊八卦的时候，尽可能有礼貌地避开这样的场合，这样别人就不会主动来找你说人闲话了。

总而言之，闲话说不得，闲话听不得。

4.10 出手相助时考虑对方感受

喜欢乐于助人的人不在少数。本来出于善意的帮助，当然没有断然拒绝的道理，但随便管闲事可能反而会给周围的人带来麻烦。

现在，回想一下退休后每天安乐富足的生活，有没有遇到别人“好心干坏事”的情况呢？

如今，人际关系比起从前来越发直接。自己可能出于好心，对方却不领情，遇到这种情况需要退一步思考。尽管可能一下子想不明白，但不如先想想好心出手相助的原因。

仗义相助的人往往是出于好心，但是这样做到底有没有帮对地方，会不会给对方添麻烦呢？不妨事先考虑一下。此外，即便自己认为这么做是对的，也不要把个人的观念强加于人。

举个例子，听说朋友膝盖痛，就送去自己常喝的营养液，把自己的养生方法介绍给朋友。对方当然会心怀感激地收下。但是事实上，同样是膝盖痛，病因却可能各不相同，或者朋友已经有家庭医生照料。现在却凭空多了这样的苦恼：“到底要不要喝送来的营养液？”“要不要试试养生方法？”

此外，人们常常忽略的是，受到他人的感激是对自己存在价值的肯定，从中可以获得一种优越感。换句话说，帮助他人不全然是出于好心，也是为了让自己心情愉快。最好的证明就是在帮助别人的时候，无论对方感激接受也好，委婉拒绝也罢，自己的心里总会觉得分外快乐。

如果一定想要帮忙，也先征求对方的意见，得到对方的同意再行动也不迟。以这样的方式帮助他人不是更好吗？

4.11 懂得说声“谢谢”，接受别人的好意

乘坐地铁公交的时候，如果有人给你让座，你会怎么办呢？遇到有人让座，肯定会面带微笑地说声“谢谢”吧。这样的老年人才是受人喜爱的长辈。

有人觉得“给老年人让座是理所应当的”，连谢谢也不说就自然地坐下了，或者气呼呼地说：“我还没老到需要人让座吧！”其实这样的态度最要不得。

如果说“不用了，（我站着）没关系的”或许不至于那么过分，但却辜负了别人的一番好意。坦诚接受别人的好意，心怀感激，这难道不是作为长辈该有的风范吗？

或许大家会觉得让座只是件小事情，但顽固不化、不肯接受别人好意的人往往不招人喜欢，久而久之容易被周围的人忽视。一般说来，这类人大多都是从前职场上的精英人士，性格好强，因此就算是退休了，也总觉得“不能

输给年轻人”，从不服老。

但是，人总是会变老的。上了年纪，体力不如从前，身体也会有些不适。从这个意义上说，变老也就是意味着变弱。如果没法接受这个现实，到头来往往是自讨苦吃。

晚年一个人生活的首要原则当然是自立。自己能做的事情自己做，却不是说什么事情都要自己一个人独自扛下来。正所谓“过犹不及”，结果反而给周围的人带来不少麻烦。另外，如果一直抱着这种顽固不化的态度，还会渐渐疏远周围的人。晚年独自生活的老年人要自立，却不需要这样逞强。

人的老去是一个无法避免的过程。勇于承认“上了年纪的自己的确变弱了”的人不才是真正的强者吗？人如果不相互依靠是无法独自生活下去的。对别人的好意心怀感恩，这才是真正的豁达吧！

4.12 不做负面思考的啰嗦长辈

父亲去世后母亲便一个人独自生活，K女士担心母亲，所以时常回娘家看看。虽然做妈妈的也很欢迎女儿的造访，但是K女士每次去见母亲，总会觉得心情也跟着变得

糟糕。

母亲不爱出门，闲着无聊在家一天到晚就是看电视，总想找个人说说话，见到K女士总有一肚子的话要说。

K女士一边要工作赚钱，一边还要照顾家小，不顾劳累特地坐新干线来看母亲。母亲既不问女儿路途的辛苦，也不问问外孙的近况，而是一个劲儿地念叨些邻里间的琐碎事。

“某太太，上个星期去温泉旅行了，真享受呀！”

“那妈妈也去参加温泉旅行吧！”

“一个人去有什么意思呀！”

“那么，等孩子们春假的时候一起去，好不好？”

“春假还早着呢，还是不去了，到那时也不知道我还活着没！”

听到这里，K女生无奈地叹了口气。

“某太太的精神劲可真不错，可惜我……”

“妈妈您也别老窝在家，出去散个步吧，人也会精神点。”

“不行啊，最近膝盖疼着呢。”

像这样的丧气的对话兜兜转转，没完没了。比起聊天对话，或许让母亲一个人说话更好点。因为母亲讲话时完全不顾及女儿的感受，只是自己独自在那里一个劲儿地发牢骚而已。

起初，K女士觉得母亲一个人寂寞，所以便耐着性子听那些牢骚，日子久了就渐渐也有点受不了。母亲不光在释放压力，还把压力像传染病一样传给了别人。K女士的母亲或许觉得让女儿听当妈妈的几句抱怨是理所应当的，所以也就没有留意她的感受。

实际上也就是女儿才甘愿忍受，血缘关系是没法改变的，但换做是别人，还会愿意这么听着吗？话语间满是负面情绪，可不是受欢迎的聊天对象。

一个人的晚年，要担心的事情确实越来越多，诸如身体、金钱之类。但是，其他老年人一样也有这样的苦恼，这是正常的自然现象，并不是你一个人的不幸。

想想问题的对策，试着改善现状，不是更有意义吗？如果只是一味地担心而不思考该怎么办，向周围散发负面能量㊀，只会越来越孤单，而人越孤单就越担心，如此就形成了一个恶性循环。

此外，就算面对的是挚爱的亲人，发牢骚也要有个限度，不然就算是亲人也会受不了。人自己往往察觉不到这个问题，所以在开口抱怨之前最好先冷静地想一想。

“不知道还能活多久”“没什么可开心的事情”“怎么

㊀负面能量即MinusPower，指负面情绪。

就没有你那么好的命呢”“就等着进棺材了”……这些丧气话让人听着就厌烦。如果不想在不知不觉中变得招人嫌弃，就赶紧留心下自己的谈吐，别老说丧气话。

4.13 做个有自知之明的业余爱好者

一个人的晚年有大量自由支配的时间。不少人埋头自己感兴趣的手工制作、摄影、绘画等。无论兴趣爱好的多寡，在晚年能有动手动脑的兴趣爱好，总是为生活增添了不少色彩。享受制作过程的快乐，发挥创造力的喜悦，为生活注入鲜活的生命力。

埋头创作，好作品也会越来越多，渐渐地向朋友们展示自己作品的机会也多起来。这时，有人可能会沾沾自喜地嚷着“××完成啦！过来看呀！”于是，朋友见了便赞美说：“太厉害了！”“真是心灵手巧呀！”到这时人就洋洋得意起来：“难得您赏识，不嫌弃的话，这个就送给您了。”于是时常就把作品当作礼物送给别人。

不仅如此，甚至不少人还信誓旦旦地发出创作宣言，夸口说：“下次专为您设计一个作品。敬请期待呀！”

说到这里，要喊一声：“停！”注意这样子可能就是所谓的“送礼病”。

别人对自己的作品褒奖有加，到底是客气话还是真心话也说不准，别人又没开口说“想要这件作品”。所以，仔细想来，对方觉得“虽然认为作品很好，但并不是特别想要”是很平常的事。

当然，说起送礼物，如果是花了不少工夫的手工作品，没人会开口断然拒绝说：“我对这个没什么兴趣。”比方说，收到一个亲手制作的包，与人见面时可能还会特地背上。收礼物的人虽说是喜欢手工艺品，但如果作品的水平还没到能送人的程度，却又不好枉费别人一番好意，这才收下了。如果能冷静下来，换位思考，就会明白自己在这种情况下也会这么做的。

“送礼病”的麻烦之处在于，自认为这是出于好意，其实是自作多情，反而让收礼物的人十分苦恼。这些麻烦可能是送礼物的人完全没有料到的。

以前，有人制作了穿古装的人偶，然后一个接一个地把成品作为礼物送给朋友。其实收到礼物的人认为：“大可不必把这样花心思的作品割爱给我，我没办法才收下的，如果可以的话还是想还回去。”

像这样，把作品送给别人可能就不单纯是出于好意，而是为了满足自己的成就感。只在乎自己的感受而罔顾他人的心情，朋友或许也会因此而渐渐疏远。手工的乐趣本来在于花心思发挥创造力，而不在于朋友的赞美，这样做无疑是本末倒置。正因如此，喜欢手工制作的人必须要冷静地反省一下自己究竟有没有“送礼病”。

此外，还要有自知之明，作品再好也不过是业余作品。只有对方开口说想要的时候，才把自己的作品作为礼物送给对方，自己付出的仅是材料费，做到这个程度就好了。

4.14 拒绝时不要太过直接

前面已经介绍了如何不让自己患上“送礼病”的注意要点。下面要反过来讲讲遇到有“送礼病”的人该怎么办。

首先，要明白并不是说“礼尚往来是表达心意的最佳方式”。对于送礼人来说，回馈心意最好的方式是“珍惜爱护这个作品”。当面说：“哇！真是开心，谢谢你送我礼物。”之后却把礼物随意塞进柜子。这就称不上是善意，而是伪善了。

如果遇到有人把亲手做的东西作为礼物相赠，而自己真的不感兴趣或者不想要，这时利落的回绝才是应有的礼节。但是面对饱含一番心意的作品，如果处理不恰当，也是十分不礼貌的。

像“啊，我对这种东西没什么兴趣”“不用了，这个我不要”之类的话，当然是绝对不能说。应当让对方从话语中感受到你的感谢之情。

比方说，“这样了不起的作品，可惜我没能力鉴赏呀”“真是厉害，要向你多多学习”，肯定对方的辛苦创作。这样的话，即使不接受送来的作品，对方也不会觉得自尊心受到伤害。朋友间的关系如果要细水长流，正是要从生活中的点滴小事中顾及对方的感受。

4.15 发牢骚时把握分寸

一个人的晚年总会有寂寞无聊的时候。到那时，任谁都会想要抱怨几句。但要是总对着人发牢骚就要惹人厌烦了。不管是谁，老听人抱怨，心情也会变糟糕。

虽说发牢骚会给对方带来困扰，但如果硬是压抑孤单苦闷的心情，不知不觉人也会变得内向起来，即使遇到快乐的事情也体会不到其中的快乐。所以，不要压抑自己的感受，把心中的那份寂寞找人一吐为快吧！这并没有什么难为情的，只是倾诉时要注意方式方法。

首先，交些能听你发牢骚的朋友。尽可能找些人生境遇和价值观相类似的朋友。因为相似的人生经历，会使得双方在情感上会有更多的共鸣。虽说是找人来倒苦水，也不要总是自己一个人在那里不停地抱怨，这样就算不上是真正的难兄难弟了。朋友应该是相互的、彼此照应的关系。

孤单寂寞想找人倾诉时，就给朋友挂个电话。晚年一个人住时间观念也没那么强，可能不知不觉间就煲了个电话粥。即使是知心好友，一样也是晚年独居，但对方也有对方的事情要做，所以要顾及朋友的感受。

“不好意思，实在是想找个人发发牢骚，一个人真是太冷清，能听我唠叨几句吗？”这么开口说话，偶尔也说句“这么说出来就畅快多了，有你这个朋友可真好！”像这样一下子就把气氛提上来实在再好不过了。

要注意控制时间，把时间控制得恰到好处，那么下次别人还会愿意倾听你的苦恼忧愁。此外，记得开场时问声“能听我说几句吗”，最后不忘表示感谢，说“谢谢你听我说话”。

下次遇到对方有烦恼时，最好一边细细聆听，一边接话：“这样呀，我明白的，一个人总会有孤单的时候。”

还有一点要注意的是，抱怨不要过于频繁。即使聆听烦恼的朋友再多，讲电话的时间控制得再好，如果把抱怨当作每天的必修课，任谁都会受不了。况且每天抱怨的内容也没有多少新鲜事儿，无非是翻来覆去地唠叨那几件事。

掌握上面说的那些诀窍，如果朋友间能够互相遵守这些礼节，把握好分寸，这样晚年珍贵难得的友谊才能长长久久地延续才去。

此外，这些原则不仅适用于给朋友打电话发牢骚的时候，就是一般情况下打电话也是一样的道理。人总是在自己闲暇的时候给对方打电话过去，但也要考虑到对方的情况，不要占用他人太多的时间。

在看得到时间的地方讲电话，或者在旁边放个沙漏计时，防止通话时间过长。去电话的时候先问问对方是否方便接，不忘礼貌地和人寒暄几句。之后，在日历上标注上通话人的名字，这样就可以有效地防止电话联系过于频密。当然，有要紧事的时候就得另当别论了。

不只是讲电话，像这样与人保持适当的距离感，正是晚年一个人生活的艺术。

4.16 不要打断别人抢话说

聊天的时候有没有遇到过这样的情况：当别人在说话时，你想发表自己的意见，于是不等对方把话说完就随意插话，而且内容和对方之前说的毫不相关。接着，对方又等不及你说完就插话进去，继续聊之前想说的话，而且仍旧是风马牛不相及的话题。

留心观察的话，会发现其实这种各说各话的情况很普遍。两个人相互都不关心对方在说什么，而光顾着自己说话。

遇到这种情况，无所谓谁对谁错，两个人都是半斤八两。可能有人觉得各聊各的、各自纾解自己的压力，不也挺好吗？但是一般说来，不懂得聆听他人、只知道侃侃而谈的人也不会受人欢迎。自己一个人洋洋得意地神侃一番，别人只是出于礼貌点头回应，其实早就听得不耐烦了。这样下去，渐渐就被人疏远，身边的位置也会一直空着。

此外，要注意不要因为自己有话要说就随意抢话。说到“抢话就和抢钱是一回事儿”，可能有人马上会说：“这样的话，我倒是经常这么做。”打断别人的讲话，自己滔滔不绝，不分时间场合，只顾着自说自话。

认为自己可能是喜欢抢话的人，就尽可能地注意控制一下自己，接话茬的时候要把握分寸，认真听人把话说完，然后再根据刚才的话题接话。等到对方说完之后问：“你怎么看呢？”这个时候再发表自己的意见不是更好吗？在对话过程中，让对方畅所欲言，最好是让对方说七成，自己说三成。

按照这一标准来努力，渐渐地就会成为善于聆听的人。常言道：“善于聆听的人能说会道。”这样的人常常人缘也不错，周围总是有很多朋友。所以说，开口讲话之前先确定别人的嘴都合上了，这时自己再开口畅所欲言也不迟。

第5章

“万一……”时，有可以信赖的人吗？

在退休之后，为自己建立一份健康档案，定期检查身体。绝对不要过于自信地认为自己的身体没有哪里不舒服，一点儿也没有问题。活了大半辈子，身体要是一点问题也没有就奇怪了。

5.1 和民生委员建立良好的关系

许多人虽然都听说过“民生委员”这个名称，但是却搞不清楚民生委员究竟是做什么的；在家附近散步的时候，遇见过戴着民生委员袖章的人，但也搞不清楚他们在街道里负责些什么工作。

民生委员的工作就是及时与当地的居民沟通，把大家的意见和建议传达给相关的各个机关部门。它是由都道府县知事推荐，厚生劳动省大臣委任，任期三年的荣誉职位。

这么说来，民生委员是个当官的，有点位高权重的意思。从前，民生委员大多是从当地的乡绅名士选拔出来，对当地情况了如指掌、热心助人的人。民生委员会探访独居的高龄老人和残障人士，在他们有困难的时候给予适当的帮助，无论有什么烦恼都可以像朋友一样坐下来商量。

虽然现在没有什么困难，但是“有困难的时候，请您多多关照，毕竟是上了年纪一个人生活”，寒暄时，最好像这样拜托一下民生委员。民生委员知道了你的存在，以后便会留心你的情况。晚年一个人生活，让周围的人多多关心你的情况，真有什么万一的时候，就是保护你的安全网。

有麻烦的时候，无论大小都可以找人商量，倒不必特地跑到办公的地方，可以在遇上民生委员的时候，试着倾诉自己的难处。民生委员熟知当地的各项福利服务，一定能提出好的解决方案。很多针对高龄者的服务项目，如果自己不申请的话便没法享受得到。说不定，有许多困扰你的问题或许正是由于不清楚当地的福利服务。

特别是对那些刚刚在当地亮相不久的独居老人而言，可以拜托民生委员做向导，帮助了解当地的各种事情。通过民生委员的照顾，晚年的每一天都会过得安心自得，在当地的人际网络也越来越宽广。

5.2 事先写好遗嘱

这世上的事情总是难以预料，写好遗嘱，清楚地交代好身后事，不也正是人生旅途中必经的一站吗？

尤其是对于人生经历丰富曲折的人来说，最好事先考虑做好准备。打个比方，与前任妻子和现任妻子都各自育有小孩，或者孩子之间的关系处得不好的时候，如果身后事交代得不清楚，稍微发生点事情，就容易因为财产分割而手足相争，这样的场面任谁都不愿见到。因此，遗产分割是遗嘱上首先要提到的问题。

不少人会认为:“自己也没留下多少财产，写不写遗嘱都没关系！”但是生活中的各种琐事，诸如留下的宠物该交给谁来照顾等，最好白纸黑字地写下来交代清楚。

遗嘱的形式有以下三种。

第一种形式是自己亲笔写的“自书遗嘱”。也就是说，遗嘱的全文、日期、署名都是自己亲笔写下，然后盖上印章。虽说对写遗嘱的纸或笔没有特定要求，但是由他人代写或者计算机打印的遗嘱都视为无效。此外，用铅笔书写有被人篡改的可能性，所以要避免用铅笔书写。

自书遗嘱的好处在于简单方便，也不需要花费额外的费用。但相对的，自书遗嘱因为书写方式不严格规范，往往容易出错，最终造成遗嘱的无效。

比方说，对于不动产、土地等，不只是清楚写明其所在地就可以，除了建筑物所处的位置，还要清楚地写明家庭住宅房屋的门牌号码，否则视为无效。因此，自书遗嘱容易引起一些争议。此外，如果在家庭裁判所人员到场见证之前打开遗嘱，也会使之失去法律效力。所以，需要好好选择可靠的地方进行保管。

第二种形式是“公证遗嘱”。这是向公证人口述的遗嘱，原则上遗嘱的原件可由公证处保管20年。这一形式可以确保遗嘱不会失效或丢失。但是，办理相关手续需要一定的时间，并且需要两个以上的见证人，还需要支付给公证人一定的手续费用。见证人可以找认识的朋友，因为需要在见证人面前口述遗嘱。如果不想让熟人知道遗嘱的内容，可以委托律师或者行政书士[一]来做见证人。

此外，如果事先不想让任何人知道遗嘱的内容，可以采用“秘密遗嘱”的形式。这与前面所说的自书遗嘱不同，也不是用计算机写的遗嘱。签名和盖章不是由本人来做，而是将遗嘱和印章一并放到信封里封起来，然后再拿着这个信封与两个以上的见证人一起到公证处办理公证手续。公证人根据申请委托遗嘱公证的日期在上面签下时间、署名并盖章，然后封上信封还给遗嘱委托人。与公证

[一] 行政书士是日本所特有的，代理个人或企业法人同政府部门打交道，处理登记、报批、办理执照、项目审批等业务的职业。

遗嘱不同的是，秘密遗嘱不必把遗嘱留存在公证处，只是在公证处留下相关记录，花费也要相对较少。但需要注意的一点是，和自书遗嘱一样，因为书写方式的错误同样容易造成遗嘱无效。

以上就是遗嘱的三种形式，可以按个人的情况自由选择适合的遗嘱形式。如果条件允许的话，推荐采用公证遗嘱，这样可以确保遗嘱的有效实行。如果确实没留下什么遗产，考虑到那些关心自己的人，可以采用自书遗嘱的方式交代后事。

此外，如果因为被虐待或侮辱等原因，在遗嘱中可以取消法定继承人的财产继承权。假如遇到这类情况，就有必要把取消其财产继承权的理由清楚地写下来，给遗嘱执行者提供相应的书面证据。所谓的证据，就是将家庭暴力的内容、时间清楚地记录下来。内容要尽可能详细，如果有证人，就写上证人的名字和住址，如果有医生诊断书等资料，也要一一附上。

但也不是说选择公证遗嘱就万无一失了，它也有缺点。当然，公证人的在场可以确保遗嘱的法律效力。但是，要注意公证人毕竟不是专业的文字工作者，因此书写过程中免不了产生这样或者那样的问题。

比方说，写一份遗嘱让三兄弟平分父母留下的不动产。虽说是要兄弟三人平均分配，但是土地和房屋建筑怎么样才能做到平均分配呢？假如这幢房屋里住着大哥一家，两个弟弟要卖了这房子而大哥不同意，像这类问题要多方面考虑。

关注财产分配事宜的人还要考虑到家族产业的继承等各类问题。因此，在写遗嘱时可以参考各种相关手续的样本，或者找民间的咨询服务公司询问也是不错的选择。

水鸟飞离水面而不弄浊水，要善始善终。自己的事自己了，不给别人留麻烦。

5.3 写临终笔记[㊀]交代身边琐事

遗嘱上一一交代的琐碎小事，可以用临终笔记本记录下来。

临终笔记本既可以在书店买到，也可以从网上免费下载。临终笔记本大概的结构是这样的：①自己的人生经历；②所有财产一览表；③临终的心愿；④理想中的葬礼、墓地。

所有财产一览表中，除了存款和不动产，还可以把藏书、兴趣收藏、心爱的东西以及想托付给别人的重要事物记录下来。或是送给趣味相投的人，或是交给相应的机构，都在笔记本上一一交代吧。这样就能避免出现因为不知道这些东西的价值所在而当废弃物一样处理掉的情况了。

㊀临终笔记，即Ending Note。

关于临终的心愿，发生万一的时候，因为事故或者疾病失去意识，或者老年痴呆病发的时候想要怎样的看护，对临终治疗的希望以及器官捐献的意愿，都可以写上去。

关于理想中的葬礼、墓地，对晚年独居的老年人来说可是个大问题。人生走到尽头时，如果一切能如自己所期望的那样，便没有比这更幸福的事了。

所谓葬礼，便是世间万物从有到无的仪式。葬礼的仪式也千差万别。在临终笔记上专门有一栏可以把想要邀请的亲友名单和想对参加葬礼的人说的话写下来，以这种方式操办自己的葬礼。想要哪家丧葬公司替自己举办葬礼也可以事先考虑好，在世的时候就预订下来。

最重要的是准备葬礼的费用。在临终笔记上计划得再周全，如果没有充足的资金支持，一切希望都可能化为泡影。因此，事先就要为葬礼准备充足的资金，从而确保临终笔记发挥应有的作用，让葬礼按照希望的方式举办。

最后，记得找个信得过的人，告诉他/她放笔记的地方。

5.4 安排好经常就诊的医院

晚年一个人生活，最担心的自然就是健康问题。随着年龄的增加，体力大不如前，身体也总出些小状况。不要认为小病小痛就去医院是小题大做，最好还是去医院让医生做个身体的诊断。照顾好自己的身体，这才是晚年独居的自立。

但是偶尔有点感冒或者腹痛，也不必特地坐地铁或者公交车赶到大医院就诊，在家周围就近找一家口碑不错的医院足矣。如果自己有信得过的医生，专门找这位医生来诊疗就再好不过了。糖尿病和心脏病患者虽说已经有经常就诊的医生，但最好再找个医生详细了解一下自己的病情，这样就多了一个熟悉自己病情的医生。

长时间在同一个医生那里就诊，能够使医生逐渐了解病人的情况，同医生的交情也深起来，这样更能方便诊治。无论什么病，及早发现是关键。如果医生对你的身体情况有了深入的了解，就有可能尽早发现病兆。

如果真怀疑有什么大病，社区医院的医生就会推荐病人到大医院就诊，并写好病情介绍书，拿出积累至今的病历表，这样就可以安心了。万一住院手术完成之后，不想出院了还大老远地跑去大医院复查，就可以去经常就诊的医生那里接受诊疗了。

首先，在退休之后，为自己建立一份健康档案，定期检查身体。绝对不要过于自信地认为自己的身体没有哪里不舒服，一点儿也没有问题。活了大半辈子，身体要是一点问题也没有就奇怪了。如果家附近有相熟的医生定期检查，跑去做健康检查的麻烦也就减去了大半。

像这样与医生保持良好的关系，就算身体真有点不适，就诊治疗也非常便利，心里自然也就安心了。

5.5 告诉医生想要怎样的治疗方法

聊到自己死亡的时候，常常会听人说："不想在痛苦中离开人世""如果人已经没意识就不想继续耗下去"。这类话题可能很多老年人都和亲朋好友曾经聊起过，如果有

突发事故，意识不清地躺进医院病床上的时候，一定会希望自己得到预想中那样的治疗吧。

万一遇到没有意识的情况，不希望进行延命治疗。假如要实现自己的这一希望，最好在生存意愿书上写明白。所谓生存意愿书，虽说有点像生前遗言，但却不具有像遗嘱那样的法律效力。

生存意愿书有以下两种方式。

其一，到公证处写《尊严死[一]宣言公证书》。公证书的内容包括诸如“脑部受到重创时，极可能无法恢复意识成为植物人的时候，希望不再进行延命治疗”“希望采取尽可能减轻痛苦的缓和治疗”“如果成为植物人，请撤除生命维持装置”之类的愿望。在这份公证书上签名、盖章，在公证处现场完成书写即可。

可以把这份公证书放在家中容易找到的地方，也可以把这事告诉信得过的朋友。万一真到用得上的时候，朋友便可以向医生出示这份公证书，表明是患者本人的意愿。

此外，成为日本尊严死协会的会员，签署《尊严死宣言书》也是一种表达本人生存意愿的方式。由协会将生存

㊀尊严死是一种自然死，即尊重患者的意愿或观念，不再采取延命医疗措施。

意愿书送去署名、盖章，办好手续后送回来，只要缴纳会费、会员登记之后，协会便会保管生存意愿书。以后，万一有个三长两短，信得过的朋友便会收到协会寄来的会员卡片，提示朋友按本人意愿进行治疗。近年来，遵照患者意愿进行治疗的观点大为盛行，95%以上的医生会遵循患者想尊严死的意愿。

2008年4月开始实行的高龄者医疗制度中，75岁以上的患者可与医生讨论写下生存意愿书，并将诊疗花费控制在预算中。无论入院时间多久，都可以同医生表达本人的生存意愿。

5.6 从现在起确定入院保证人

晚年独居的M先生一直过得幸福美满。有次外出时突然感到胸口痛得厉害，就这样被救护车送进了医院。这以后，他便开始了一个人辛劳的晚年生活。说辛苦，却并不是因为生病的关系。

到了医院，当然总会有人问:“您的家人呢？”从入院保证人，到手术、治疗、检查等，都必须要有人签字确认。

交入院费用、向病人家属详细说明治疗及手术的内容，都需要有人在场。对医院来说，如果事后出问题或者患者死后遗体无人领取，都会十分麻烦。其实，这些问题不说也想得到。

但是M先生的子女在国外生活，兄弟多年不见，而且也住得很远，亲属都没法马上赶到身边照看。如今M先生连床都下不了，也只能向医院先付了入院保证金再说，其他的也无能为力了。这实在是非常令人为难。

像M先生这样，有个万一的时候便十分困扰，结果在医院躺着也谈不上安心养病了。

无需入院保证人、检查及手术同意人在身边的医院也不是说没有，但是要有个可以随时挂个电话说："能不能麻烦你件事"，就能迅速赶到身边的朋友，那就帮了大忙了。因此，平日里朋友间的交往尤其重要。

虽说不想给朋友带来麻烦，但是真有困难需要帮助的时候，有没有朋友能帮得上忙呢？

假如拜托远房亲戚来签字的话，就开口说："希望在入院等必要的时候当我的保证人，除此之外，如果没什么特殊情况，不必特地麻烦赶过来。"得到对方的首肯就可以了。然后，如果需要保证人的时候，让这位亲戚在送来的文件上签字，再寄送回来，确保文件提送就可以了。虽然只是准备文件这类微不足道的小事，但对于住院的人来说实在是没有精力应对，所以找个朋友帮着处理这些文件还是十分有必要的。

但是，早期无关痛痒的治疗还行，真遇到攸关生死的情况，可能就很难找到能托付的朋友了。到那时，最好找医疗志愿者商量对策。大医院大多会设立医患商谈室，不好同医生谈的事情、医疗费补助等商谈讨论都可以在这里进行。

晚年一个人生活，如果突然住院遇到困难的时候，除了保证人和手术同意者之外，还有很多需要准备的。具体说来，就是住院期间的必备物品，比方说，洗漱用品、拖鞋、毛巾、更换衣物、打发时间的书或者杂志之类，由谁来送到你面前呢？当然，这些东西大概在医院的小卖部都能买到，但如果自己躺在病床上动弹不得的时候该怎么办呢？或者没有卖这些东西的小店又该怎么办呢？另外，谁在指定的日期之前送钱到医院来呢？反正只要能去银行便能取钱出来。家中信箱里塞满了报纸和邮件也不用操心，反正到时再去取那些邮件就行了。

但是想一想，遇到这种特殊情况时，为什么不找个人帮你一把呢？应该还是有可以信得过的朋友的吧。这样的朋友是晚年独居生活没有后顾之忧的有力保障。当然，也不要把这事集中交给一个人负担，最好确保有两到三个人来帮手。

抱着“尽可能靠自己”的心态固然是了不起，但是也总有一个人没法完成的事情。这个时候，要学会坦诚地向人求助：“请帮我一下。”关键时候出手相助的朋友，也是人生所必需的。遇到住院或者意识不清的情况，如果事先写好朋友的联络方式带在身上，就能及时联络到对方了。

朋友间遇到难处应该互帮互助。下回，朋友有困难的时候自己也尽量帮忙。像这样的朋友，患难见真情，之后关系也一定会更加融洽。所以说，朋友间真挚的友谊非常珍贵。

5.7 寻找一个值得信赖的监护人

R先生和Y先生是相识20年的老朋友，两人都是晚年独居，Y先生比R先生小10岁。R先生曾拜托老朋友："如果得了老年痴呆，能当我的监护人吗？"说得老年痴呆可能有点夸张，Y先生心想，R先生无非是想图个安心，况且口头约定随时可以打破，于是就随口应承了下来。

像这样，两个人建立的是《任意监护契约》，也就是契约人在具备行为判断能力的时候，指定某位信赖的人为监护人，如果因老年痴呆等原因失去行为判断能力时，就由这位监护人代为管理财务、看护照顾以及打理生活方面的事务。

任意监护人可以是血亲，或无血缘关系的律师、司法书士、朋友等，R先生就委托Y先生作为自己的监护人。

但是Y先生出于好心和道义而成为监护人之后，卷入了意想不到的事情。

向来身体健康的R先生患上了老年痴呆。Y先生很快去申请了看护保险，在医院忙前跑后地照顾病人。这期间R先生的病情时好时坏，Y先生逐渐接手了R先生的退休金领取、各种费用支出以及银行存折管理。

因为R先生平素就说："如果哪天得了老年痴呆，我想要住进Group Home㊀（失智老人之家）。"所以Y先生帮着办理Group Home的入住手续，整理住所的东西等。

这个时候，R先生平时不往来、关系也不好的独子现身了："一定是贪图我父亲的财产吧！我会通过法律起诉的。"Y先生听了简直就如同晴天霹雳。

当时没多想就答应做了监护人，之后为了R先生忙前跑后、任劳任怨，听到R先生的儿子这么说话，Y先生心里觉得太不是滋味了。但是如今就算放弃任意监护契约，他也不放心让那不孝子照顾得了老年痴呆的R先生。

和律师谈过之后，Y先生才意识到自己的失误。在这期间，R先生的病时好时坏，错失了向家庭裁判所选任"任意监护监督人"的申报机会，拖到今时今日就为时已

㊀ Group Home（失智老人之家）是日本推行的一种老年痴呆病人的照护模式。

晚了。所谓任意监护监督人，其职责就是监督任意监护人履行契约的情况，一般由家庭裁判所指定的律师之类的人来担任。

实际上，像Y先生和R先生这样结成的任意监督契约，等到监护人实际履行契约的时候，契约人已经没有了判断能力，无法管理自身财产，生活不能自理。也就是说，在没有任意监护监督人的情况下，法律上并不承认Y先生所承担起的监护人的责权。

以R先生的情况为例，在老年痴呆逐渐加重的过程中，要确保契约人在有完全判断能力的时候指定任意监护监督人就十分困难。因此，像Y先生这类情况，最好是在医生确诊R先生患老年痴呆的时候就立刻申请指定相应人选。任意监护监督人的指定需要办理许多相关手续，所以最好尽早申请。

假如你受托成为监护人，在签订《任意监护契约》的时候，最好一并完成《财产管理委任契约》，还可以将遗嘱进行公证。要是有财产管理委任契约，即使像Y先生那样遇到对方亲属咄咄逼人地诘问，也可以理直气壮地说“我们是签了财产管理委任契约的”。如果留有遗嘱的话，在对方去世以后就不会卷进不必要的麻烦中。同时，最好事先决定要委托代理的范围。因为事后变更代理权范围相当麻烦，所以契约人和监护人事先有必要协商清楚。

像Y先生这样是因为朋友道义才担当起监护人的角色，此外还有许多意想不到的情况。无论是何种形式的契约，都一定要找律师或者专业人士进行咨询，确认契约内容没有任何问题之后再签字。

另外，相关监护人制度可以去市町村或社会福利协议会专门找律师进行免费法律咨询，同时还可以从律师、司法书士、社会福利工作人员中推荐监护人候选人。

5.8 了解服务老年人的公共政策

虽然现在耳聪目明、头脑灵活，但晚年独居的人总是会有这样那样的不安。一个人生活不易，财产管理也不易，判断力低下的时候，清楚了解公共制度吗？如同和人交往一样，寻求公共制度的支持，成为政策受益者，这就是晚年过上安心生活的智慧。

负责这类事务的是都道府县和市町村的社会福利协议会。为了使判断力下降的高龄者也能在当地过上安心自在的自立生活，地方福利拥护事业目前提供两种服务：一种福利服务是帮助管理金钱、证件之类的日常生活自立服务项目；另外一种是为需要深度关怀的人提供的成年人监护人服务项目。

老年人的判断能力不断变低，趁着还有签订契约的判断力的时候，首先可以接受日常生活自立服务的帮助，之后就可以采取成年人监护制度。

虽然各个自治团体多少有些差异，但是日常生活自立服务一般来说可以分为三大类服务项目。

（1）福利服务包括办理从看护服务到终止服务时的必要手续、福利服务费用支付的手续以及领取养老金、福利补助的必要手续，一直到缴纳医疗费、税金、社会保险费、公共费用、房租等的援助支持。

（2）税金、医疗费等日常生活的必备现金的提取及办理解约、预约手续等日常金钱的管理服务。

（3）为存款存折、退休金证书、产权证、契约书、保险单、印章、银行印鉴之类的证件、印鉴提供的保管服务。

如果需要服务，可以向就近的社会福利协议会咨询。协议会派出专员上门访问，确认受益人本人的意愿，制订相应的服务计划。计划一旦予以采纳，将以契约的形式固定下来。

咨询服务与契约签订是免费的，之后将直接收取因生活服务而产生的费用。但是这类服务只能提供看护保险服务、各种入退会契约、医院入院契约等手续代办服务，而并非是代理契约。此外，也无法为契约者的房屋寻找新的住户。受助方法虽然简单，但是却仍有许多照顾不到的地方。因此，最好事先确认一下具体哪些事项可以寻求公共援助。

此外，还有一道有力的保障就是成年人监护制度，这一制度专门保护判断力衰退的高龄者。在看护保险契约中，除了福利设施的入住及离开手续、财产管理以外，同时还保护晚年独居的老年人免受不法分子的诈骗。比起日常生活自立服务项目，成年人监护制度提供了更为贴心细致的服务。

成年人监护制度包含法定监护制度和任意监护制度两种。

晚年独居的老年人更关注任意监护制度。正如Y先生和R先生的例子那样，以防将来某天判断力低下，预先选好监护人，等到自己需要监护的时候，就能得到监护人的帮助和保护了。这就是任意监护制度。

可以享受的服务大致可分为以下两种：

（1）财产管理服务。这包括：不动产的管理、保存、处理以及同金融机构交易；退休金和不动产资料等定期收入的管理以及还贷；支付房租；缴纳税金、社会保险、公共费用；支付生活费；添置日用品；参加人寿保险以及支付保险费用；收取保险金；保管产权证、定期存款存折等。

（2）个人监护服务。这包括：代签本人住房契约、费用支付；看病、治疗以及入院费支付；陪同出席医生的病情说明；代办看护保险的手续等。

但是，监护人不能执行作为借贷合同担保人、入院保证人的职责，也不能代签手术同意书。

如果需要了解详细情况，可以到当地的成年人监护中心、公证处进行咨询。此外，如果自己没找到合适的成年人监护人，可以由相关机构推荐候补监护人选。

5.9 提供亲人式看护的服务机构

对于长期单身、离异、丧偶的人来说，虽然晚年独居的生活经历各有不同，但是最大的共通之处就是带有不安感。

“突然住进医院的时候，家里该怎么办？”

“卧床不起的时候，该怎么洗衣服、买东西呢？”

最担心的莫不过是：“得了老年痴呆的时候，该怎么办才好呢？”

万一那时，谁来帮自己收拾这一切麻烦事才好呢？

身边已经没有可以安心托付的人，而且兄弟、亲属也是疏于联系的孤家寡人，儿孙远在外地也难帮上手，值得信赖的亲近朋友也都上了年纪，遇到不知道谁能照料自己的这种情况也是很现实的。

虽说有行政方面的相关服务，也有前面所说的提供福利服务的成年人监护制度，但是监护人无法作为入院保证人或者老人福利设施、公寓以及大厦入住时的保证人。此外，也没法签署医院手术、检查的同意书。因此，真到万一的时候，还是放不下心的。

而且，即使有信赖的朋友做保证人，担负起像保证人这样重要的职责，也还是会觉得辛苦。

亲人式看护服务就是给晚年独居的老人提供家人般温暖贴心的关爱与更为全面周到的服务，担当个人保证人提供包括签署手术同意、见证等服务。

这一公益财团法人根据“日本生命保险协会”的制度，提供作为个人保证人的各项服务，其中包括生活帮助、金钱管理、成年人监护等，以及各种棘手的内容。

比如，入院时的见证、入住福利设施的申请以及之后事务手续的办理；从搬家服务到入住、入院以后的日常生活的照料，住院期间的物品采购和清理清洁，整理家中邮件以及各种手续文件，金融机构的账务代管。另外，选择看护人员和陪同参观福利设施、专业护理人员人性化的协议服务也一并包括在内。

此外，万一紧急住院或者危急的时候，家人没法赶到现场同医生商谈病情，可以根据契约者事先提供的名单，代为联系远方的亲戚和朋友，并根据当时的状况及时给予所需的帮助。

除了这些，还有遗嘱以及相关手续办理的代理服务。像先人灵位的供奉以及墓地管理等，对于长者来说是“安排不妥当的话死都不安心”的重要问题，服务机构都会站在家人的立场上提供周到的服务。

然而，这些服务的花费也不少。按一般计划，入会必须缴纳190万日元的预付金，其中包括终身的个人保险金36万日元以及日常生活服务21万日元。此外，紧急情况下的帮助、葬礼以及骨灰安放等后事服务必须要额外支付55万日元的预付金。

日常生活服务就是入会时购买21万日元的服务券，通过服务券的形式精确计算出可享受到的服务。日常生活中的购物和清洗、代办机关、银行手续的服务为每小时1500日元，同医生商谈、代签手术同意以及陪同进出各种福利设施、见证、住院看护等专业服务的价格为每小时2500日元。若日常生活服务花费超过21万日元，余下部分需要以追加预订金的形式支付。

另外，定期存款和不动产的管理需要另外收取服务费用。除了一般计划以外，还有单一生活服务的计划。按单一个人保证计划，入会时只需要缴纳45万日元，按月扣除1.5万日元的月费就可以了。此外，还有专为生活需看护者制订的特别计划。

5.10 这是老年痴呆的征兆吗

晚年独居的人最关心、担忧的，就是老年痴呆了吧！上了年纪的人大多健忘，但这和老年痴呆是完全不同的。所谓老年痴呆，并不是指大脑机能的衰退下降，而是脑部病变。

现在65岁以上的老年人中，患老年痴呆的比例在10%左右，也就是说，十个人中就有一个患有老年痴呆。而75岁以上的老年人患病的比例就更高了。

患病初期，病情可能发展得还比较缓慢，趁着尚有判断能力的时候，可以自己先行安排好各类事情。

为此，最重要的就是及早发现病情。但在晚年独居的情况下，病症的早期发现十分困难。因为一个人生活，出现初期阶段的细小征兆时，大多数人都不会引起足够的重视，不会觉得“这是不是有点反常”。而身边的人如果觉得“有些许反常”的时候，往往也不会警惕。结果病情不断加重，发展成“肯定反常”的时候，就为时已晚了。

因此，晚年独居的人最需要的就是身边有个信得过的老朋友。在长久相处的过程中，老朋友熟知你的思维方式和行为模式。这时就可以拜托老朋友：“如果觉得我有些反常的话，请告诉我。”

关于反常的状况，无论是多亲近的朋友，要当面讲出来还是会有所顾忌。然而出于对你的关心，朋友也会鼓起勇气指出来的。这时就要诚恳地接受朋友的忠告，去医院检查。如果医生诊断确定不是老年痴呆，就可以松一口气高呼万岁，一笑置之就过去了。

即便是话不中听也愿意直言劝告的诤友是难能可贵的。因此，除了留意有关老年痴呆的征兆，收到朋友的忠告时都应该认真聆听、虚心接受。像这样朋友间相互关注照料，对于晚年独自生活的人尤为重要。

5.11 了解本地服务老年人的信息

F先生退休后老伴因病过世，孩子们在外地各有各的家庭，于是他一个人住在那栋两层楼的老房子里安度晚年。

照顾生病的老伴时，F先生事事都要亲力亲为，家务活什么的已经难不倒他了。但最近，他的腿脚和腰都不太好使了，反射神经也迟钝了，就感到在家里那个又窄又陡的楼梯上上上下下有些危险。

有一天，F先生爬楼梯时不小心踏空了台阶，所幸只是手腕有轻微碰伤。他和朋友自嘲说："果然不装楼梯扶手不行了。不知道装楼梯扶手市政府会不会给我报销呢？"

"市政府管不管这种事情呢？"这话F先生开玩笑说过也就忘了。但是朋友时常去市行政处看看福利服务的消息，告诉F先生："确认过了，市政府还真管这事儿。"听得F先生大吃一惊。

然而，这类服务大多需要受益人本人申请。如果像F先生那样自己不知道有这类服务政策的话，就没法享受到政府的帮助了。

况且这类服务并不是施舍，而是行政部门的义务，要学会尽可能地利用。想要安享晚年的老年人也要学会求助于市政部门。

首先要去市政中心收集相关信息。除了自己享受到这些服务外，还可以成为资深志愿者，帮助其他老年人获得相应服务，这不也很好吗？市政中心为老年人提供了各类贴心的服务信息，有空不如多去那里活动一下吧！

5.12 独自一人也可以过得很好

日本内阁府㊀发表的2007年版《老龄社会白皮书》中，诈骗、恐吓的受害者中有半数为老年人。

一直以来，大多数老年人认为："受骗上当是因为自

㊀日本内阁府由日本总理府、经济企划厅、冲绳开发厅合并而成。

己的粗心大意。怎么好意思跟儿孙开口说呢？就这样被骗了，自己不是跟傻瓜似的？”

但现实情况是，虽然电视也报道，警察和银行也警戒，受害人的数量仍然没有减少。骗子是专门靠骗人牟利的。意外的是，自信自己不会被骗的人往往最容易上当受骗。

最重要的是保持警惕，任何时候都可能接到诈骗集团打来的电话。

真是自己的孩子或者孙子的话，讲电话的时候一定会提到名字吧。所以，如果对方口口声声自称“我”的时候，不如反问一句：“你哪位？叫什么名字？”如果对方以警察或者律师的名义打来电话，说：“今天接到您儿子的电话，知道他出事了吗？”遇到这种情况，先问问对方：“请问我儿子他叫什么名字？”

关键是让对方报上名字。自己绝对不能问：“阿幸他没事吧？”不能像这样自己先说出儿子的名字。当然人慌张的时候，往往就脑子里一片空白什么也记不得了。因此，最好在电话机上贴张字条提醒自己“问对方名字”。

另外，时常使用留言电话功能，也能有效地防止电话诈骗。记得告诉亲朋好友：“我最近一直把电话调成留言电话，直接留下口信给我就行了。”

令人心寒的是，如今在日本，专门对老年人实行欺诈的诈骗集团横行，不法商贩和骗子利用上了年纪的人对金钱、健康、孤独的担忧，专门对老年人进行欺诈。

比如“兼职骗局”，这类骗局以高薪招募兼职人员为名，兼职工作大多是店长或者资深从业人员，推销宝石、服装之类的高价商品，以工作需要为名诱骗老年人买下高额商品。

还有“投资骗局”，这种骗子强调绝对保值升值，谎称投资利益有保障，诱骗老年人投资、购买股票。

还有针对关心自身健康的老年人，兜售健康食品或者保健器材，宣称可以“血液清毒”和“脊椎矫正”等。

这里仅仅是列举了一部分欺诈集团的惯用手段，还有许多诈骗招数举不胜举。

在许多案例中，深感孤独的老年人因为感动于推销员倾听自己说话，而买下自己不需要的产品。

为了防止受到不法商贩欺骗，不要随便给陌生人应门。遇到调查访问或者上门推销，可以推说“我今天有事情要忙”。接到类似电话也可以一样推辞。

但是骗子防不胜防，手段层出不穷。像“免费骗局”中，骗子借由免费服务、免费体验之类，强调免费来引起人的兴趣，进而诱人买下商品或服务。

还有“检查骗局”，骗子声称提供“免费房屋检查服务”，然后借口说“家里有白蚁，不马上驱除的话房子就危险了”，利用人的担忧不安，骗人签约。

假装成有名企业的员工或者消防队之类公共机构的职员，如果老人一时大意给开了门，他们就开始推销产品，这就是“推销骗局”。

万一遇上能言善辩、巧舌如簧的推销员，拿出契约书的时候千万不要急于签字盖章。对方可能会说：“现在签约可以享受特别优惠。”目的是使计让人尽快签约。这时绝对不能签字，最好和对方清楚讲明：“我不需要这个。”如果实在开不了口拒绝的话，可以推说：“今天很忙”或者“想问下朋友的意见”等，借机避开签字。

如果真有中意的产品或者服务想要购买的话，也不用急着签约，要警惕上当受骗。这时，可以找信赖的朋友聊聊：“我想要买这个，你觉得怎么样？”朋友就会建议说：“要不要和其他的比较看看？”或者“到公共机关询问一下怎么样？”

有一些无话不谈、真诚相待的朋友是保障晚年生活的安全网。当自己觉得“是不是上当受骗了”的时候，可以立即咨询国民生活中心或者消费生活中心，越早行动，就越可能把损失降低到最小限度。

中国老年人晚年生活指南

作者：唐振兴，全国老龄办原巡视员，中国社会科学院老年科学研究会研究员。

1. 社区居委会是中国老年人的家

老年人退休以后进入社区，居委会或者家委会就成为老年人的家。

社区、居委会作为为老年人服务的载体，经常针对老年人开展医疗咨询、保健讲座、理疗康复等服务。同时也提供各种文化服务。

北京市朝阳区社区指导中心，组织街道活动站，经常性地开展老年文体活动，让老年人享有阅览图书、书法绘画、歌舞培训、打牌下棋等文体服务。开设社区老年课堂，通过专题讲座、咨询指导、上公开课等形式，解决老年群体共同关注的问题。

学习培训服务以社区老年课堂为主阵地，聘请各行业精英和专家学者组成公益课堂义工讲师团，对老年人进行知识更新和技能培训，开展法律、科学养生、医疗保健、人际沟通、家庭教育等专题讲座和咨询指导。

社区指导中心还为老人提供用餐、午休、康复等服务。老人可以早上来，晚上回去；还可以在这里聊天、看电视、打牌。日间照料站也可以派人陪老人外出散步、逛街。

2. 中国老年大学的发展、课程设置

老年教育彰显的是教育的本质，其目标是为了人的终身发展，对于老年人来说是精神与文化结合的养老方式。

中国老年大学教育从1982年起步，经过多年发展，目前已经有老年大学和老年学校4万多所，在校学员500多万人，已经设置150多门课程，并且在建设中取得了许多可喜的成果与经验。

老年大学的课程坚持教育的本质，按照老年人的需求，遵照教育的规律和老年教学的特点进行开发与建设并不断创新，受到广大老年人喜爱，得到全社会的广泛关注和认可。

以杭州人气最旺、报名最火爆的杭州退休干部（职工）大学为例，只要在杭州居住（有杭州户口或居住证），有退休证，年龄在80周岁以下就可以报名。目前在校老年学员7600余人，开设医保、技能、文史、书画、文艺、体育6个系近70个专业，教学班190个。2016年5月，新招生2300人，共有7937人通过网络预报名，比2015年增长42%，创历史新高。

老年大学的书画班、健身操、歌咏、烹饪课等艺术类、实用技能类的课程比较火爆。现代化的网络教育、远程教育发展迅速，为构建终生教育体系，全面提高老年人素质，提高生命质量，奠定了坚实的基础。

3. 中国老年人可以考取的证书

与参加老年大学集中学习的学员不同，许多老年人有自己的目标。

他们去参加高考，或者考研究生，不是为了拿证书，而是不让自己留下遗憾。他们不需要用证书、学历来证明或者带来什么，就是为了弥补年轻时的遗憾。还有些老年人考证学习是为了让自己忙碌起来，过得充实，当然考下证书后的喜悦也是人们追求的。

唐先生退休后，就报名参加ACI国际营养师考试，开始是为了好玩，觉得挺有意思，考试合格还可以拿个职业资格证书。报名以后，才知道要看8本书，还要上远程教育课，尤其是听到很多新鲜词时，似懂非懂，学得很吃力。但是，唐先生想，随着人们生活水平提高，健康意识增强，饮食营养均衡会引起社会的广泛重视，虽然不能立竿见影，但是从长远看，这对家庭和个人健康都会有帮助。

我国有些偏远地方缺医少药，有许多留守的老年人自学中医药知识，考取中医医师资格证书，为当地老年人服务，如同过去的“赤脚医生”。他们指导、协助有康复需求的老人进行康复锻炼，还对各种慢性疾病晚期患者，提供临终关怀护理，解除病人痛苦，深受当地老年人欢迎。

还有不少老年人在闲暇之余考取了厨师、驾驶等证书。

4. 中国的老年人志愿服务

目前，我国的老年志愿者组织有几十个，身体状况是影响老年人当志愿者的重要因素。在身体健康的前提下，低龄老年人有望成为志愿者队伍中的中坚力量。

老年人有丰富的人生阅历和充裕的时间，乐于奉献。他们加入志愿者行列，更多的是为社会做贡献和结识志同道合的朋友，在社区、居委会服务，帮助维护社会治安，关心教育下一代，做博物馆讲解员（包括一些老领导），他们较少受外在的名利及面子的影响。

老年人志愿者提供比较多的服务是健康保健和生活照料，包括老年人心理抚慰和文体活动的志愿服务。有很多需要帮助的老年人都曾受到过志愿者的服务。老年人志愿者还带动一些热心的愿意帮助他人的青少年、中年人，一起为老年人提供服务，利用休息日和适当的机会去奉献助人。

低龄健康老年人加入志愿者协会，一旦自己老年行动不便时，也可以得到其他志愿者的服务，同时志愿者在帮助其他老年人的同时，也获得一个良好的身体素质，实现了自己充分参与社会生活、发光发热的理想和抱负。

5. 中国法律在遗嘱方面的规定

老人如果患重病，或者在遗产处理方面有所要求，需要订立遗嘱，而需要什么手续，要根据遗嘱类型来决定。

根据《中华人民共和国继承法》第十七条的规定，遗嘱可采用如下几种方式：

（1）公证遗嘱。公证遗嘱即遗嘱人经公证机关办理的遗嘱。公证遗嘱的方式是最严格的遗嘱方式，能确实保障遗嘱人的意思表示的真实性，公证遗嘱也是处理遗嘱继承纠纷最可靠的证据。

（2）自书遗嘱。遗嘱人自己书写的遗嘱，称为自书遗嘱。自书遗嘱是遗嘱人亲笔将自己的意思用文字表达出来。

（3）代书遗嘱。代书遗嘱是由他人代笔书写的遗嘱。代书遗嘱通常是在遗嘱人不会写字或因病不能写字的情况下不得已而为之的。但为了保证代笔人书写的遗嘱确实是遗嘱人的真实意思，减少纠纷，应由两个以上的见证人在场见证，由其中一人代书，注明年、月、日，并由代书人、其他在场见证人和遗嘱人在代书遗嘱上签名。

（4）录音遗嘱。录音遗嘱是由录音机录制下来的遗嘱人口授的遗嘱。用录音遗嘱容易被伪造和剪辑，因此，法律规定以录音形式立的遗嘱，应当有两个以上见证人在场见证，以证明遗嘱的真实性。

（5）口头遗嘱。口头遗嘱是由遗嘱人口头表达并不以任何方式记载的遗嘱。口头遗嘱完全靠见证人表述证明，极其容易发生纠纷。因此法律规定遗嘱人只能在危急的情况下才可以立口头遗嘱，并且必须有两个以上见证人在场见证。危急情况解除后，遗嘱人能够用书面或录音形式立遗嘱的，应当用书面形式或录音形式立遗嘱，所立口头遗嘱无效。

6. 中国老年人就医的注意事项

（1）就诊前后的注意事项

一般来说，老年人患病以慢性病居多，去医院就诊、检查如同家常便饭。但仍有一部分老年人一提到看病就发怵、紧张，还容易丢三落四。

就诊前，要先整理一下需要带的材料。必须带上的有：①上次就医时的检查单；②上次就医时的诊断结果；③上次医生开的药。

就诊时，要向医生简要介绍服用药物的情况，并且详细讲述病情的变化，以便医生采取更加精准、有效的治疗方法。

就诊后，要及时整理就诊记录，深入了解自己的病情和需要注意的事项，做到科学调理，定期检查，合理治疗，防止药物副作用。

（2）不要有病乱投医

有的老年人对于疾病一知半解，也经常参加一些讲座，容易盲目地推断自己得了什么病。如有的老年人肺部感染，但没有典型的发烧症状，只是胃口不好、不爱活动，因而常常被误认为是身体老化所致，这样极易延误病情。

有的老年人疾病缠身，为了身体健康，同时挂几个科室的号，恨不得一下子就把病看好了。这样，反而欲速则不达，影响了正常的治疗。

（3）及时诊治莫延误

老年人的病情有时变化较快，不能等。而且很多疾病会引起较多病变，一旦忽略早期预警，容易延误就医治疗。当老年人出现以下状况时，要立刻送急诊：①昏迷，意识不清；②疼痛，急性或者慢性疼痛；③咳喘，呼吸急促、咳嗽不止。

80岁的韩爷爷，春节期间睡眠不好，头晕不舒服，早晨起床时没有注意，一下子坐到了地上，老人家觉得没有什么事情，就躺下休息了。当儿女来看父母，看到老父亲不舒服的症状时，马上带他去了最近的医院，医生一检查，是脑梗。幸亏抢救及时，老人没有留下后遗症。

（4）看病时最好有子女或者护工陪同

老年人去医院看病，除非是身体比较健康，只有一些小毛病，可自行就医，否则，看病需要楼上楼下缴费或者看几个科室的病，最好有子女或者护工陪同。

子女或护工主要是照顾者，陪同老人看病时，不要担心老人的表达能力。大多时候家人以为医生看病时间短、担心老人讲不清楚、讲不完，所以急着帮腔，这会让老人无从表达。

其实医生有问诊技巧，如果陪同的家属讲的情况跟老人不太一致，有经验的医生会分开问。有认知障碍的老人，需要照顾者协助表达，以便医生诊断病情。

7. 中国老人如何发展兴趣爱好?

（1）提前做兴趣规划

比如说喜欢旅游，就要确定是先国内，还是先国外，积累经验，并增加目的性。同时计划好旅游费用，留些积蓄，让旅游娱乐的花费游刃有余。也可以规划一些简单的路线、准备相关的人文历史的资料，还可以约几个亲朋好友一起去。

总之，要认真思考一下自己喜欢做的事情，根据自己的兴趣和身体情况选择一个适合的爱好。这样当你真的从工作岗位退下来的时候，就不会因为没事情做而闲着无聊了。

（2）选择老年大学进行学习

老年人都有一些遗憾，年轻时没有实现的兴趣爱好，退休以后有时间了，可以根据自己的个人情况，到老年大学选择书法绘画、唱歌跳舞，学点社会心理学，丰富自己的生活。

（3）保持身体健康

老年人健康是第一位的，要学习一些营养知识，吃一些低脂肪食物，经常喝水，不抽烟酗酒。学会克服压力，每年去医院做检查，保持积极心态和身体健康。为了避免寂寞无聊，可以选择琴棋书画或者运动项目，特别是多做户外健身运动。

（4）把健康长寿当成“事业”来做

退休以后，没有了工作上的压力，心理上轻松了许多。工作到60多岁了，有了人生的成就感，含饴弄孙，要好好享受一下，体会生活更多的快乐，享受生活。同时，衰老本身也是生命不可改变的，腿脚不灵活了，眼睛也不行了。该做的就是面对现实，承认生命的变化。不增加不必要的烦恼。

承认现实，平心静气面对，这是我们必须具有的悟性与福气。

（5）参与社会活动

积极参加各种学术研究、科普讲座、双创活动，既可以填补科技知识的不足，也可以和青年人一起参加科学研究，达到与社会共融共享。

8. 中国老人该如何防骗？

（1）从增强自我保护意识开始

要想保护自己的合法权益，就要擦亮眼睛，避免上当受骗。不要道听途说，人云亦云，随波逐流。刘大妈就是听信了某公司的宣传，用房产证做抵押，贷款炒股，贪图蝇头小利，被人用小恩小惠给蒙蔽了。最后是鸡飞蛋打，钱没了，房子也被某公司给卖了，自己落得追悔莫及，无家可归。

所以，老人要强化自我保护意识，要捂好钱袋子，看好重要证件（身份证、房产证、有价证券）。

（2）坚决拒绝传销

形形色色的传销机构都把老年人作为首选，因为老年人容易轻信。尤其有了微信等社交渠道之后，传销就变得更加隐蔽，这也是国家屡禁屡不止的原因。

识别传销，就要明白传销的目的，拉你入伙是为了让你交钱或买产品；还会让你发展下线，而发展下线也是为了挣钱。由此，不管是打着什么幌子，其共性都是捞钱。

归根结底，“消灭”传销既要靠公安、工商等国家机关的打击整治，也需要个人提高防范意识，并清醒意识到传销的危害，不信、不跟、及时“刹车”，万一误入传销，也要以智慧和传销分子周旋，在保证生命安全的前提下伺机求救。

（3）向专业律师咨询或者找法律援助部门帮助

老年人要勇敢地拿起法律武器维护自己的权利，伸张正义。老人因其合法权益受侵害提起诉讼，交纳诉讼费确有困难的，可以缓交、减交或者免交；需要获得律师帮助，但无力支付律师费用的，可以获得法律援助。

9. 中国老年人要注意防范旅游陷阱

（1）老年人退休之后的生活内容不够丰富，加上老一辈人习惯省吃俭用，所以会对低价旅游团感兴趣，而老年人对网络不熟悉，对新鲜事物不了解，和子女联系又较少，易成为不法分子的目标，也更容易听信别人的话上当受骗。

（2）一般旅行社利用假期前后的时间差打擦边球，给的价格让老人感觉旅游团让利特别多，很便宜，和旅游旺季的价格形成鲜明对比，更有诱惑力。

（3）如果旅游团价格明显低于预算，肯定是有问题的。根据火车票、机票、汽车票价格、酒店价格、景点门票价格，大致时间范围的交通费用、住宿费用，再把餐饮、门票的开支计算进去，就能得出大致的出行预算。有的地方旅游淡季会便宜一些，但是也不会低得太离谱，要谨记这点。

（4）跟团游一定要有旅行社信息，要通过官网支付或者店面支付，要有合同、发票、行程安排，要购买保险。参加任何旅游，都是自己保管自己的证件，不应该转交给导游或者其他人。

（5）如果是参加熟人组织的旅游，参加的人应该都差不多熟悉认识，如果是陌生人一起出去旅游，类似旅行社组织的，那就不应该透露参加人的姓名、网名这些信息。

（6）不要听信熟人的单方面介绍，因为他不是旅行社的工作人员，不负责旅游的具体安排。要自己考察旅游团的信息，以免出了问题后悔不及。

（7）不要占小便宜。有一些为了营销目的组织的旅游，例如没有保障的看房团，如果出现意外的话，是得不偿失的；退一步讲，即使没有意外，舟车劳顿也不是好的选择。

（8）可以提前上网搜索旅游目的地，看看网友们怎么评价，有网友会说自己的经历，也会有相关的新闻报道类似事件，例如凤凰周刊2015年第34期就曾经报道《500元双飞港澳游？深扒低价团黑幕》。

（9）旅行费用是可以退还的，只是退还比例会根据退团时间不同而不同。因为人没有出行，并不是所有的费用都会支出，所以有合同和发票在，是可以要求按比例退款的。不退款，自己找人顶替的说法是有问题的。

（10）不是所有的公司都有官网，同样不是有网站的就是合法公司，查询公司合法性的办法是登录全国组织机构代码管理中心，输入公司名称查询组织机构代码。合法注册的组织机构都是有组织机构代码的。如果没有就是不合法的公司，那么它组织的活动也是没有保障的。